BIBLIOTHÈQUE SCIENTIFIQUE

La couleur dans tous ses éclats

Bernard Valeur

Belin: POUR LA SCIENCE

8, rue Férou - 75278 Paris cedex 06
www.editions-belin.com – www.pourlascience.com

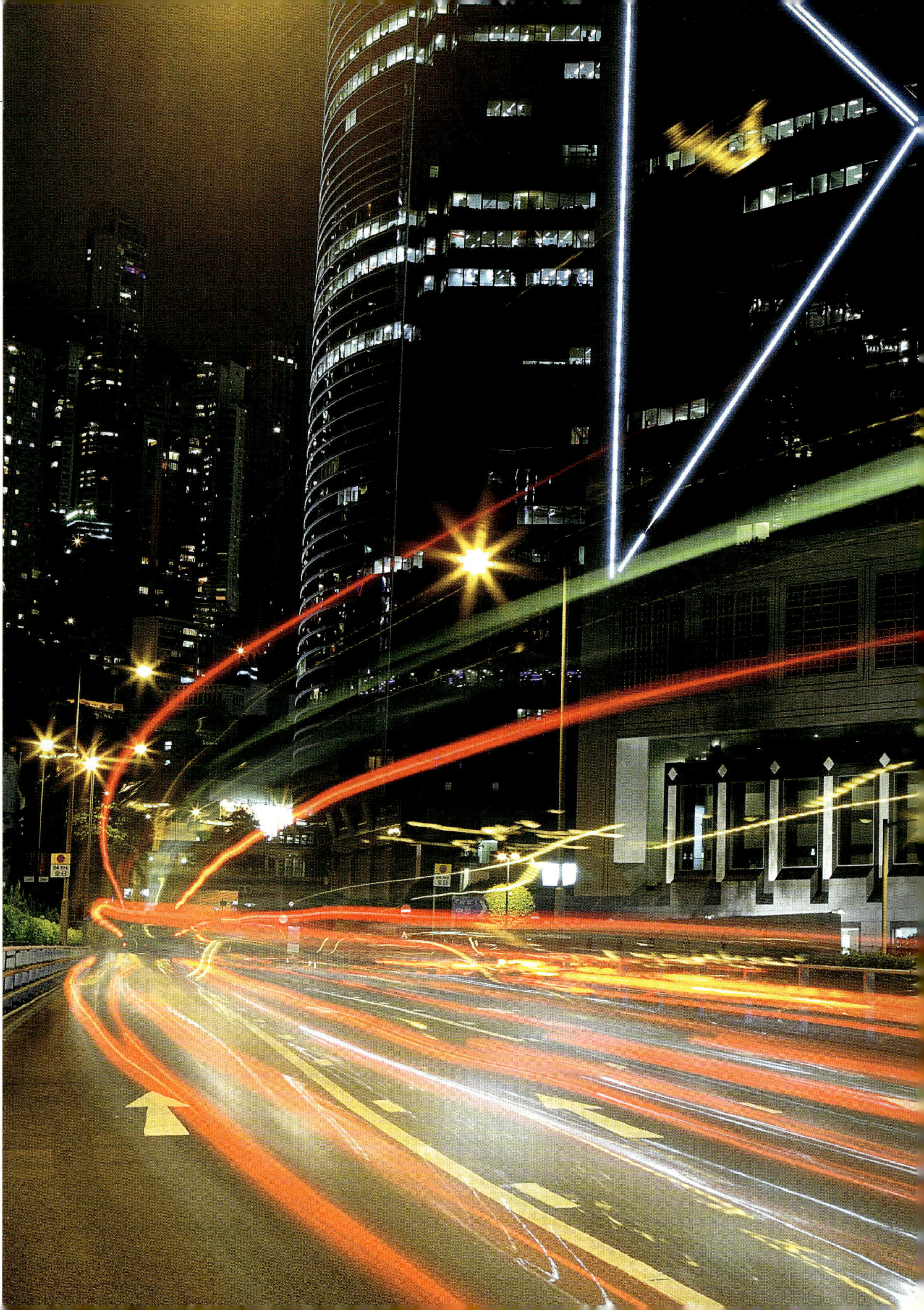
24 hrs
全日

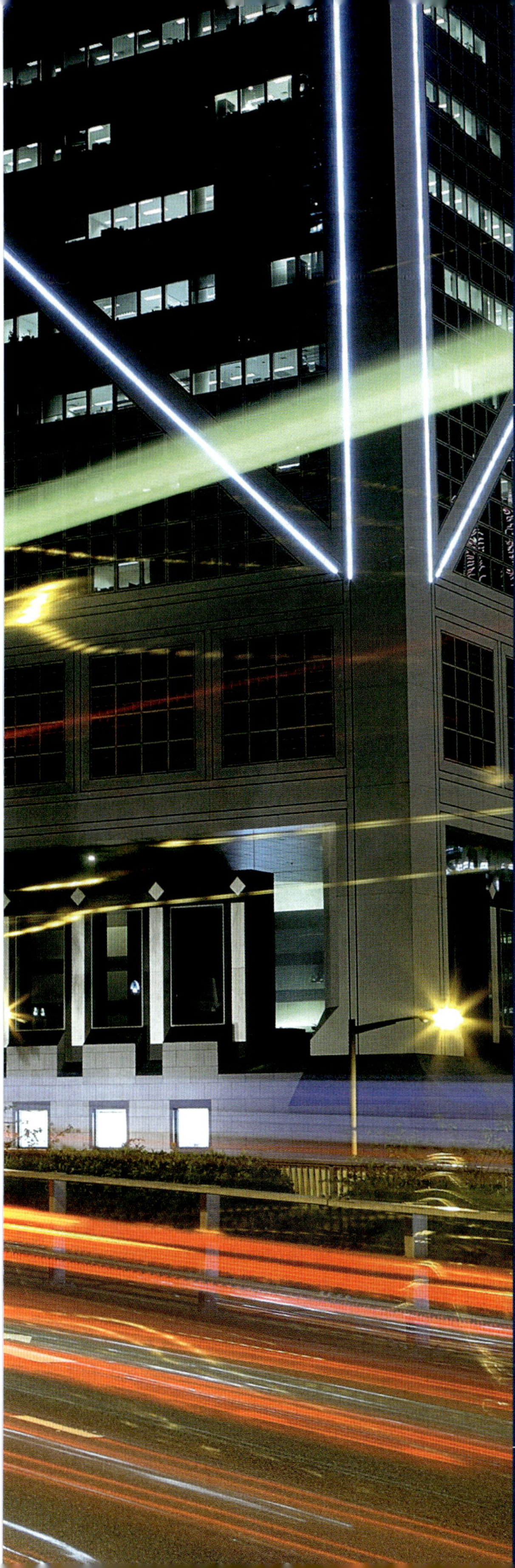

Comprendre la couleur

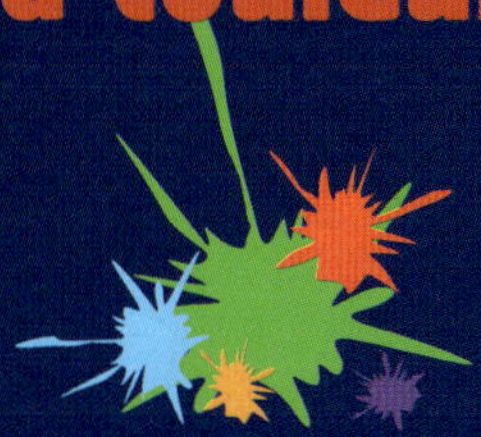

« Les couleurs sont les actions de la lumière... »

Goethe

La couleur est un paradoxe à elle seule. Elle fait partie intégrante de notre vie, c'est même l'un des ingrédients principaux de notre environnement, et pourtant... elle n'a pas d'existence propre. Car qu'est-ce que la couleur au fond ? Rien d'autre qu'une sensation que nous procure le cerveau lorsque de la lumière atteint la rétine de nos yeux. « Les couleurs sont les filles de la lumière » disait le peintre suisse Johannes Itten (1888-1967). Et des neurones, serait-on donc tenté de compléter. On peut ajouter que les couleurs n'existeraient pas sans la matière : elles résultent de l'interaction des ondes lumineuses avec les objets, quand ce n'est pas la matière elle-même qui se fait source de lumière colorée.

Lumières dans la ville.

2 La vision des couleurs

Les couleurs n'existent que dans notre cerveau

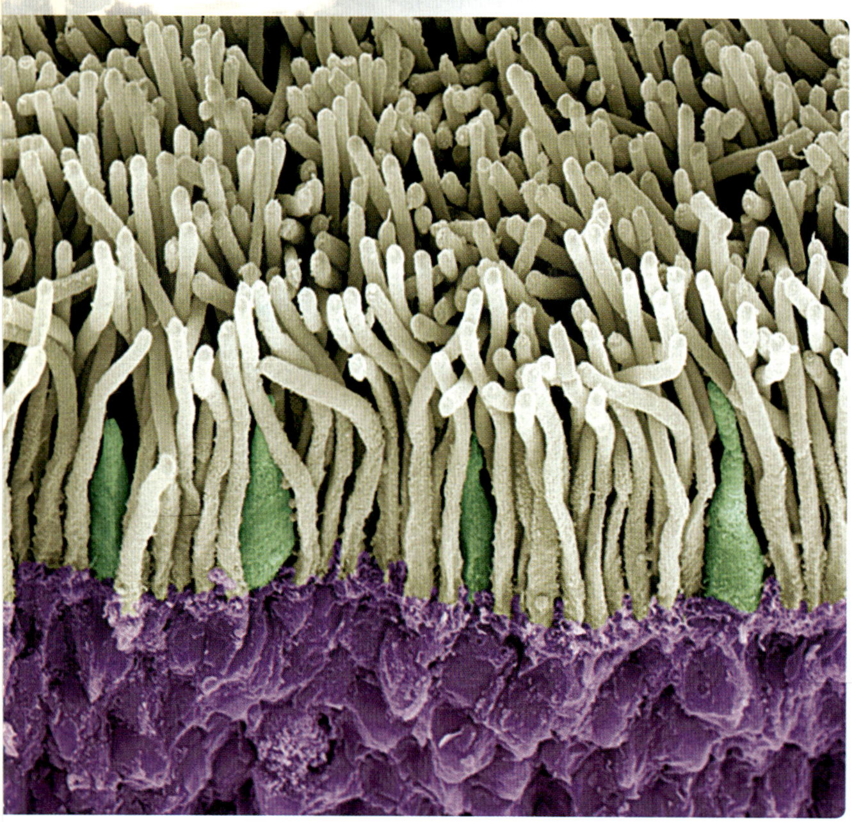

1 Image en fausses couleurs de la rétine, prise au microscope électronique à balayage. On y reconnaît les deux types de photorécepteurs de l'œil : les cônes (en vert) et les bâtonnets (en gris).

La lumière est constituée d'ondes électromagnétiques, mais ces ondes ne sont en aucun cas « colorées », alors comment percevons-nous les couleurs ? « *De toutes les qualités, la couleur est celle dont il est le plus difficile de parler* », disait Aristote en évoquant le caractère indicible des couleurs. Le philosophe l'avait peut-être pressenti : la couleur n'existe pas en tant que telle, c'est notre cerveau qui nous fait percevoir des images colorées reconstruites grâce à divers mécanismes physiologiques impliqués dans la sensation visuelle.

La rétine d'un œil humain est couverte d'environ 130 millions de photorécepteurs : 125 millions de bâtonnets et 5 millions de cônes, appelés ainsi d'après leur forme (Figure 1). Les bâtonnets sont responsables de la vision en niveaux de gris (ils ne sont sensibles qu'à l'intensité lumineuse), tandis que les cônes permettent la vision des couleurs. Les cônes exigent une intensité lumineuse relativement importante pour remplir leur rôle (c'est pourquoi à la nuit tombée, on dit que tous les chats sont gris). Lorsqu'une radiation lumineuse atteint les photorécepteurs situés au fond de la rétine, il s'y produit une série de réactions biochimiques menant à la création d'impulsions électriques. Celles-ci sont ensuite transmises au cerveau via le nerf optique, qui les interprète alors seulement en terme de couleur.

Dans le cas d'une radiation dont la longueur d'onde est de 700 nm (nanomètres), par exemple, le décodage par le cerveau des impulsions reçues procure la sensation de rouge. En fait, à chaque longueur d'onde correspond une sensation colorée différente. Si à une longueur d'onde donnée correspond une couleur, l'inverse n'est pas toujours vrai. Prenons par exemple la sensation de jaune que nous avons en recevant une lumière dont la longueur d'onde se situe au voisinage de 580 nm : cette sensation peut aussi résulter de la perception simultanée de deux lumières, l'une à 700 nm et l'autre

visible, l
variable:
• La
la porte
la *valeur*
tensité l
souvent
• La
s'éloign
soustrac
blanc, d
lement
diminue
À un
claire, *fo*
subtilité
tion pro
vive si el
si elle es
À ur
différen
l'œil di:
aboutit
Grâc
sionnels
d'une ir
ration)
(vert), B
couleur:
plus aisé
sont issu
de mêm
textiles,

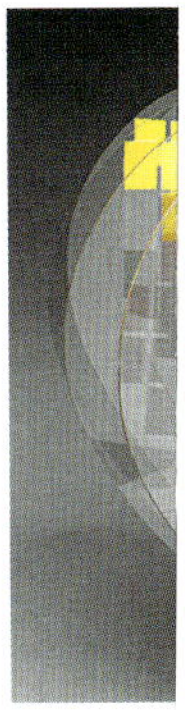

2 L'Atlas
intermédia
selon trois

à 530 nm, alors que ces dernières procurent séparément des sensations de rouge et de vert respectivement. Tout se passe comme si l'œil était une palette qui mélangeait les couleurs.

Le même phénomène est à l'œuvre lorsque nous regardons le Soleil. Il apparaît blanc, alors que quiconque a vu un arc-en-ciel sait que la lumière solaire possède un grand nombre de longueurs d'onde correspondant chacune à une couleur perçue différente. Pourquoi notre système visuel mélange-t-il les couleurs ? La réponse n'est pas à chercher dans le cerveau, mais du côté de la rétine : parce qu'il n'existe que trois types de cônes et non une multitude telle que chacun correspondrait à une longueur d'onde visible.

Techniquement, on dit que la rétine de l'œil a une réponse spectrale trichromatique. Les trois types de cônes responsables de la perception des couleurs sont appelés S, M et L : ils sont respectivement sensibles aux longueurs d'onde courtes (« *Short* »), moyennes (« *Medium*) et grandes (*Long* ») (Figure 3). C'est Young, déjà cité pour ses travaux sur les interférences au début du XIXe siècle, qui le premier prédit l'existence de trois types de photorécepteurs chez l'homme (les cônes). En 1807, il en tire la conclusion qu'il suffit de superposer trois couleurs convenablement choisies pour créer toutes les autres : la théorie trichromatique de la synthèse des couleurs était née (voir p. 16).

Les cônes montrent parfois des dysfonctionnements. Leur partie photosensible est constituée de protéines codées chacune par un gène. Il suffit d'une perturbation sur l'un de ces gènes pour que la protéine et le cône correspondants soient déficients. Le daltonisme illustre l'une de ces anomalies. Les porteurs de cette affection ont un ou plusieurs cônes défaillants. La forme de daltonisme la plus fréquente prive l'observateur des cônes M, plus particulièrement sensibles à des longueurs d'onde correspondant au vert. Ces types de daltoniens ne perçoivent le monde qu'à travers des teintes bleues et rouges, raison pour laquelle ils confondent les couleurs que les individus normaux appellent rouge et vert.

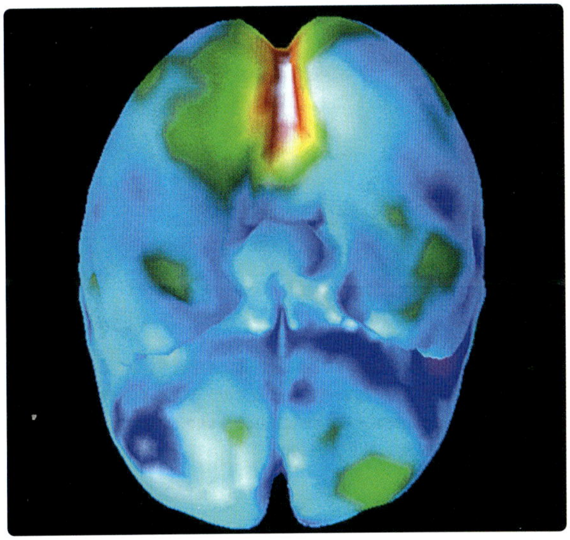

2 Les zones du cerveau traitant l'information visuelle sont situées dans l'arrière du cortex. Le cortex visuel (en rouge et blanc) est, en fait, lui-même constitué de plusieurs aires cérébrales spécialisées dans le traitement d'une tâche, comme la détection de couleurs ou de formes dans le champ visuel.

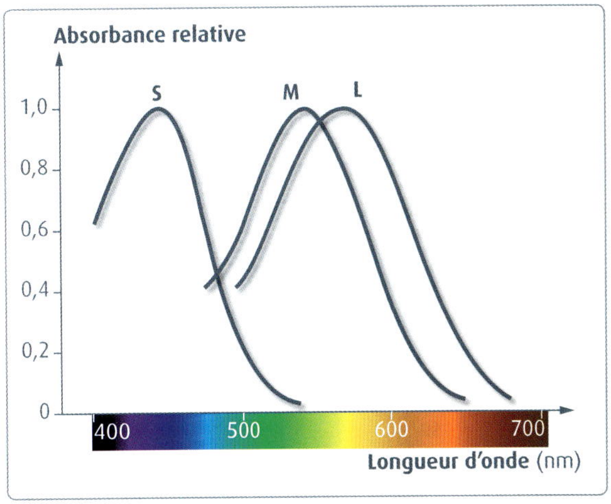

3 Les trois types de cônes S, M et L tapissant la rétine sont sensibles à trois gammes de longueurs d'onde. Celles correspondant aux cônes M et L se recouvrent largement. C'est pourquoi le cerveau procède par comparaison des signaux lui parvenant des trois types de cônes. Les couleurs sur l'axe des abcisses montrent la correspondance entre longueur d'onde et couleur perçue lorsqu'une bande étroite de longueur d'onde est sélectionnée (à l'aide d'un filtre, par exemple).

9 La genèse des couleurs

Un dialogue entre lumière et matière

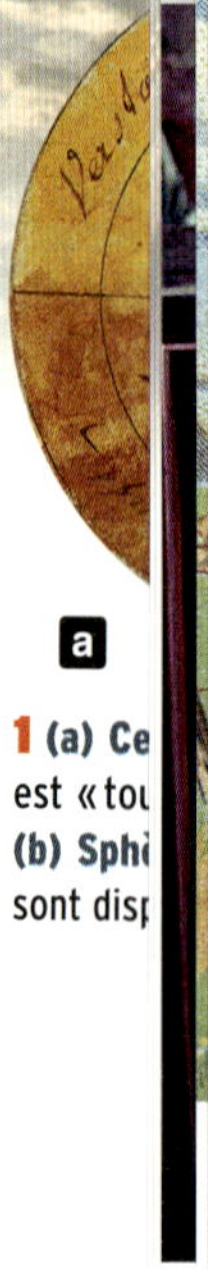

a

1 (a) Ce
est « tou
(b) Sphè
sont disp

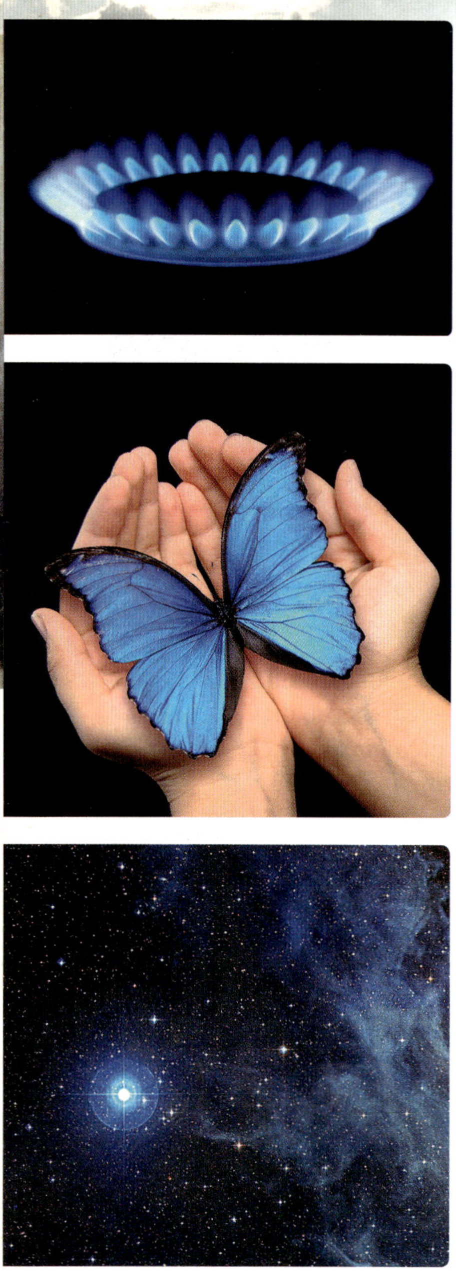

1 Trois exemples de couleurs bleues, mais plusieurs phénomènes à l'origine de la couleur : flamme d'une gazinière (chimiluminescence), papillon morpho (diffraction et interférences) et étoile chaude (incandescence à très haute température).

Une même couleur peut provenir de corps ou de matières très divers (Figure 1). Ainsi le bleu se retrouve-t-il dans le ciel, dans la flamme bleue d'une gazinière, sur les ailes du papillon morpho, dans les chiffres d'un radio-réveil, dans l'aspect bleuté de certaines étoiles... À première vue, les phénomènes physiques qui enfantent les couleurs paraissent d'une variété infinie, mais en réalité on peut les classer selon différents grands groupes. La première distinction à effectuer entre les couleurs, du point de vue de leur origine, est de séparer les couleurs provenant d'une émission de lumière colorée et celles résultant d'une interaction de la lumière avec la matière.

Dans le premier cas, l'émission de lumière résulte de deux phénomènes très différents : l'*incandescence* et la *luminescence*. L'incandescence est l'émission de lumière par des corps portés à haute température. Les couleurs ne dépendent alors quasiment pas de la nature du corps émetteur, mais de sa température. Elles vont du rouge (vers 700 °C) au bleu (pour des températures supérieures à 10 000 °C), en passant par l'orangé, le jaune et le blanc. Au contraire, la luminescence n'est pas liée à la température du corps émetteur (c'est pour cette raison qu'on la dénomme parfois lumière froide par opposition à l'incandescence, qualifiée de lumière chaude).

La luminescence trouve son origine dans le cœur des atomes et des molécules du corps lumineux : ceux-ci absorbent de l'énergie (venant de l'environnement ou fournie par une source d'énergie) et passent alors dans un état dit « excité », avant de revenir à leur état initial en émettant de la lumière. On distingue divers types de luminescence selon le mode d'absorption de l'énergie : électro-, chimi-, bio-, photoluminescence (voir p. 28 à 36).

Dans le cas où les couleurs résultent de l'interaction de la lumière avec la matière, il faut également distinguer deux situations. Si la nature chimique intime de la matière éclairée ne joue pas de rôle, on parle couramment de « couleurs physiques ». Et plus précisément de couleurs structurales quand l'objet éclairé possède une structure interne particulière (une organisation en feuillets superposés mettons). L'arc-en-ciel, une bulle de savon, le papillon morpho, la nacre, les opales précieuses en sont des exemples. Si au contraire, l'aspect coloré est dû à l'absorption par l'objet de certaines longueurs d'onde, on parle de « couleurs chimiques » : les couleurs de l'objet dépendent de la nature

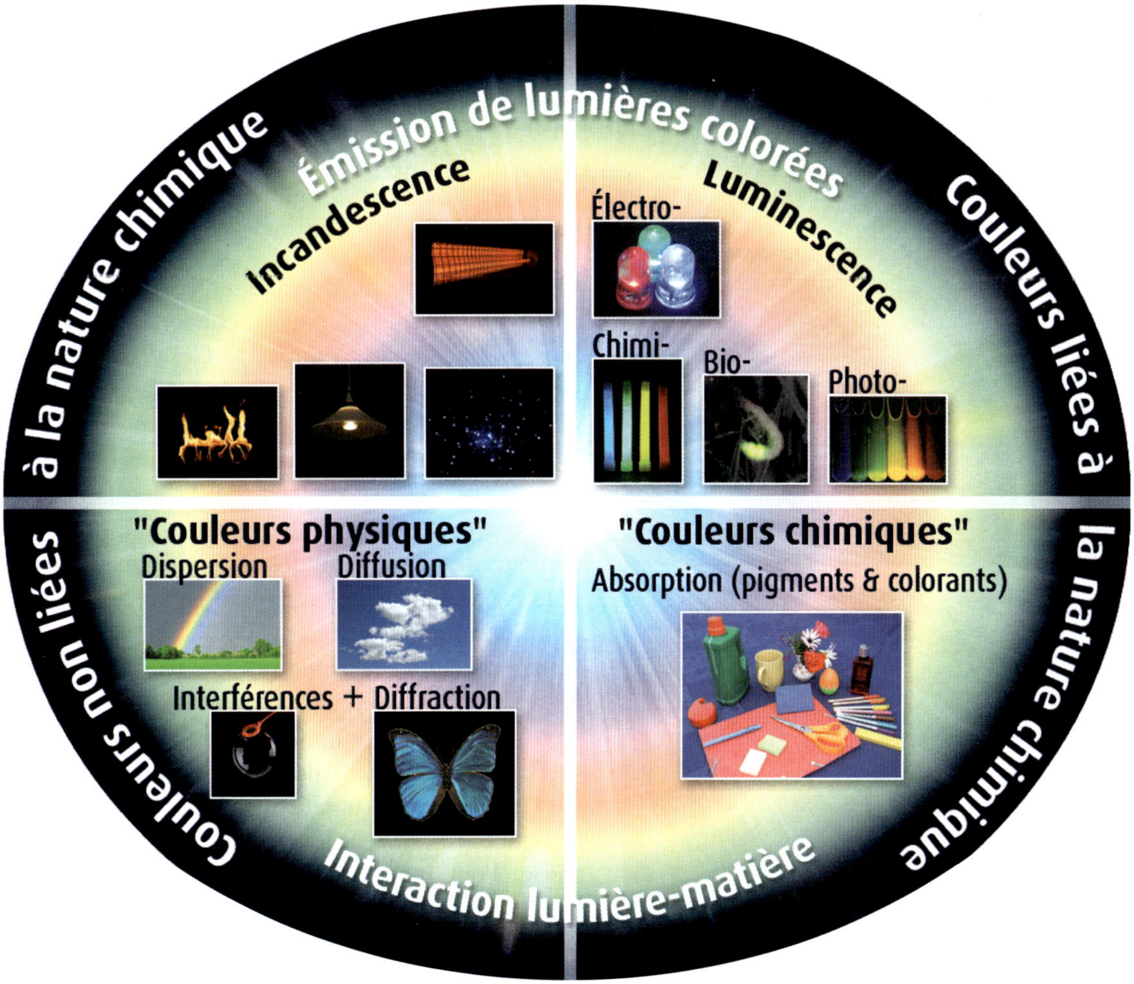

2 Les types de couleurs en fonction de leur genèse. On distingue les *couleurs liées à la nature chimique* (moitié droite du tableau) comprenant non seulement les couleurs par absorption, mais aussi les couleurs par luminescence, des *couleurs non liées à la nature chimique* (moitié gauche) incluant les couleurs physiques *stricto sensu* (dues aux phénomènes physiques tels que dispersion, diffusion, interférences, diffraction), mais aussi les couleurs des corps incandescents.

chimique du matériau qui le constitue. Les couleurs des colorants et des pigments, responsables de l'apparence de la plupart des objets de notre quotidien, sont qualifiés de chimiques.

Il existe un cas intermédiaire entre couleurs physiques et couleurs chimiques : le verre rubis. Il s'agit d'un verre dopé avec de très fines particules d'or. Ces particules absorbent la lumière à certaines longueurs d'onde ; il ne s'agit pas de pigments, mais elles se comportent comme tels, et colorent le verre du même rouge que le rubis. Le phénomène responsable de la couleur est physique : il s'agit de l'absorption de la lumière par des plasmons de surface. Schématiquement, les plasmons de surface sont comme des vagues d'électrons qui déferlent à la surface de certains métaux. Par un effet de résonance, ces vagues absorbent certaines longueurs d'onde incidentes (de la même manière que les dispositifs antihoule amortissent les ondulations de la mer). D'autres métaux nobles, comme l'argent et le cuivre, donnent lieu au même phénomène dans le verre, mais avec des couleurs différentes. Ainsi, ce type de couleur qui dépend de la nature chimique des particules a les deux étiquettes physique et chimique.

13 Les couleurs en tubes

Ne pas confondre tube néon et tube fluo !

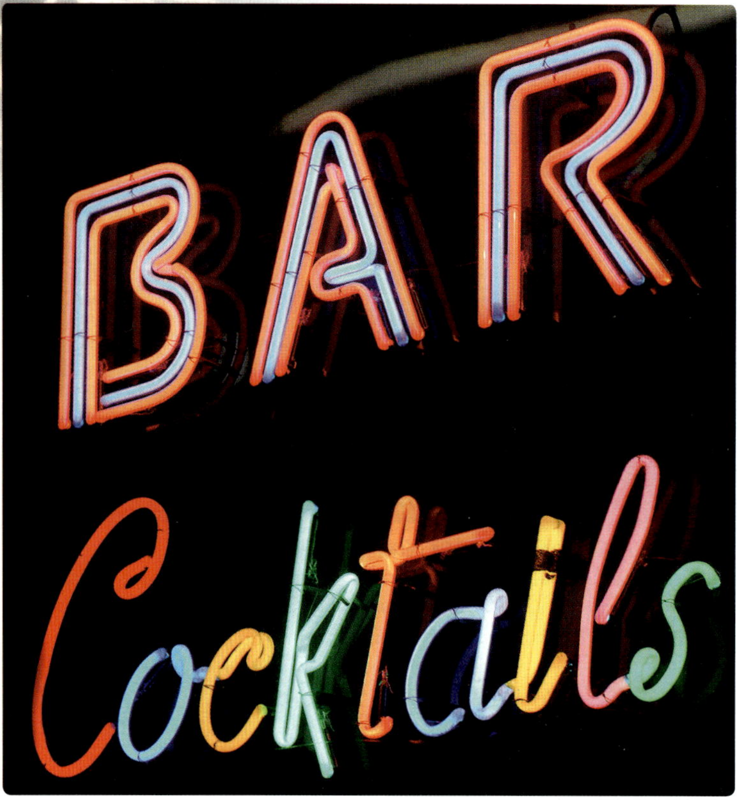

1 Les enseignes lumineuses sont souvent improprement dénommées tubes néon.

Le titre n'évoque pas ici les tubes de peinture, mais... les enseignes lumineuses de toutes les couleurs qui égayent les rues et les avenues. Elles attirent l'œil du promeneur pour l'inciter à franchir le pas d'un magasin ou d'une salle de spectacle (Figure 1). De quoi sont constitués ces tubes lumineux ? Ce sont des tubes néon, direz-vous spontanément. En fait, c'est rarement le cas, car le néon donne lieu à une émission jaune-orangé (Figure 2). Il s'agit de façon plus générale de tubes fluorescents.

Commençons par le vrai tube néon. Lorsqu'on produit une décharge électrique dans un tube rempli de néon (en appliquant une tension, entre les électrodes placées aux extrémités du tube, suffisante pour arracher des électrons aux atomes), l'impact des électrons sur les atomes de néon les fait passer dans un état plus énergétique. Lorsque ces atomes reviennent ensuite à leur état initial, ils émettent de la lumière. Une telle émission est dénommée *électroluminescence*, car c'est un courant électrique (ou un champ électrique dans le cas des LED, voir p. 34) qui est à l'origine du phénomène. Le spectre de la lumière émise est constitué de raies fines, signature de l'existence de divers niveaux d'énergie dans l'atome de néon (d'après les règles de la physique quantique, les électrons en orbite autour d'un noyau atomique ne peuvent pas posséder n'importe quelle vitesse, mais seulement des valeurs bien définies ; à ces vitesses correspondent les divers niveaux d'énergie de l'atome).

Les enseignes lumineuses utilisent, elles, l'électroluminescence du mercure et non du néon. Ces tubes contiennent en effet une très faible quantité de mercure. Une décharge électrique dans la vapeur de mercure provoque une excitation des atomes de mercure qui émettent des rayons ultraviolets. Ces derniers excitent des *luminophores* (des composés fluorescents) tapissant la face interne du tube, lesquels, à leur tour, émettent une lumière colorée. Contrairement au tube néon, la lumière

leur r
heure
à la r
de la
l'éclai
Ur
ser u
blancl
bleu.
du nit
dont
bleu (
une c
son é
longu
vert).
par le
couvr
blancl
est do
éclair
actuel
bonne
année
Ajc
semi-
chimi
semi-
parle
grand
Plusie
portal

LED bl

a

3 La lu
InGaN) e
une imp

perçue vient de la paroi du tube et non du gaz qu'il contient. Les luminophores sont choisis en fonction de la couleur désirée.

Les tubes fluo couramment employés dans l'éclairage font appel à trois types de luminophores, émettant chacun dans le bleu, le vert et le rouge, et produisant ensemble, par synthèse additive, de la lumière blanche (voir p. 16). Les lampes fluo compactes fonctionnent de la même façon. Elles possèdent une forme tarabiscotée, car la mise en œuvre de l'électroluminescence exigeant une grande longueur de tube, les fabricants sont obligés de replier le tube fluo pour le rendre plus compact et lui donner l'apparence d'une ampoule.

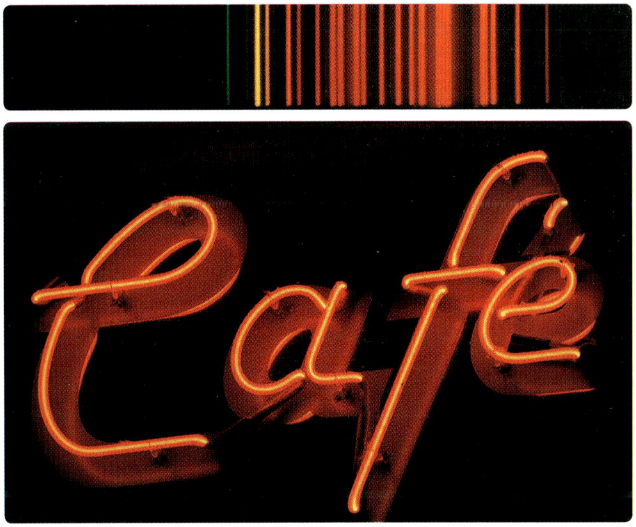

2 Tube néon et, en haut, son spectre de raies (les différentes lumières colorées qu'il émet lorsqu'on confère de l'énergie aux atomes de néon) obtenu en décomposant la lumière par un prisme.

Signalons que certaines enseignes ne sont pas constituées de tubes lumineux, mais d'une juxtaposition de points lumineux: il s'agit de LED, décrites dans la section suivante.

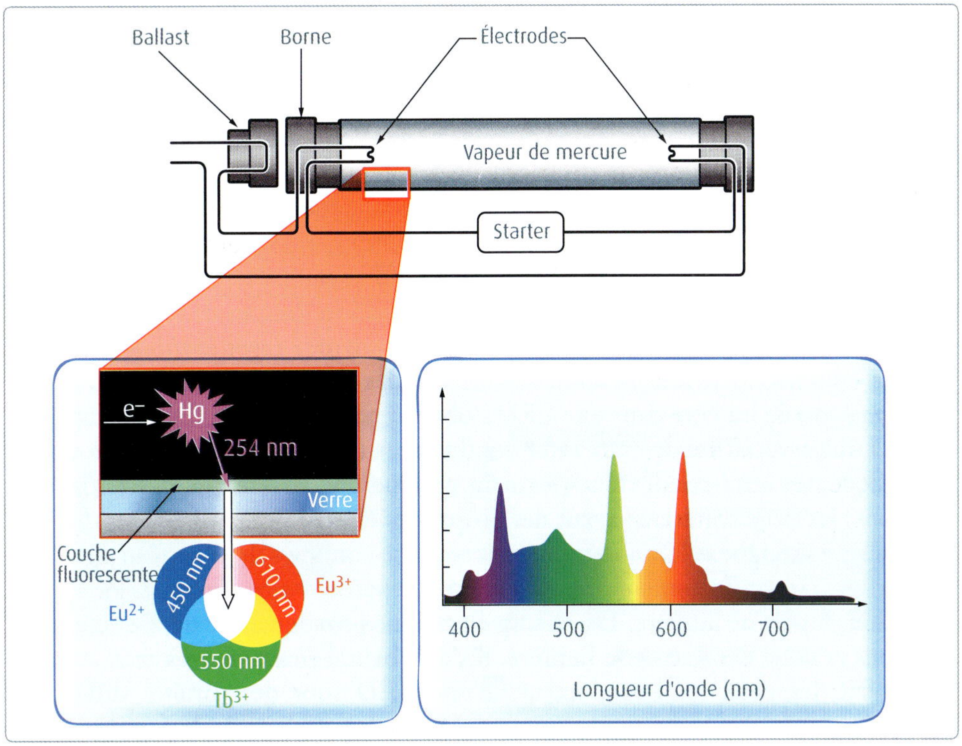

3 Principe de fonctionnement d'un tube fluorescent produisant de la lumière blanche par synthèse additive grâce à trois luminophores à base d'europium et de terbium.

18 Les couleurs des perles

Quand la lumière se réfléchit sur un mille-feuille

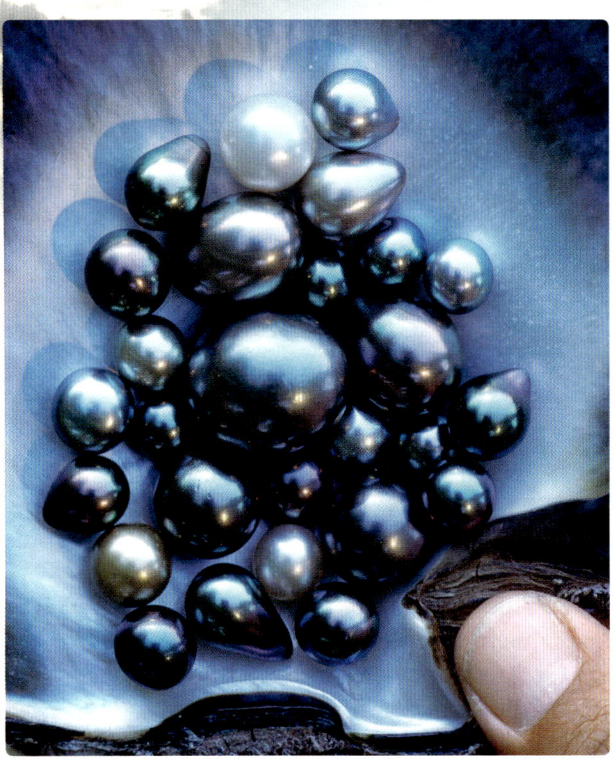

1 Les perles fines, ici des perles noires de Tahiti, doivent leur couleur à la nacre, matériau ayant une structure en mille-feuille.

Les « perles noires » sont des perles aux couleurs irisées provenant des lagons de la Polynésie française. Malgré leur appellation, elles se parent de couleurs diverses, comme le vert bronze ou le violet aubergine. Selon une légende polynésienne, l'huître perlière dont elle est issue fut offerte à l'Homme par le dieu de la paix et de la fertilité, qui descendit sur Terre en chevauchant l'arc-en-ciel. Leur rareté (moins d'une huître perlière sur 15 000 contient une perle noire), et donc leur coût, a conduit à les qualifier de « Perles des reines » et « Reines des perles », car nombre de parures royales et impériales leur font une place de choix. Les coquilles qui les renferment offrent également de belles couleurs et étaient très recherchées au XIXe siècle pour la fabrication, par exemple, de boutons et de montures d'éventails.

Quel phénomène engendre ces couleurs irisées ? Un indice : elles changent selon l'angle d'observation. Elles sont donc d'origine interférentielle. En fait, elles proviennent de la structure spécifique du matériau dont sont faites les perles, la nacre. De nombreux mollusques produisent de la nacre qui recouvre l'intérieur de leur coquille. La nacre est une succession de couches très fines dont la nature est alternativement minérale et organique. Les couches minérales sont constituées d'aragonite ou de calcite (deux formes cristallines du carbonate de calcium), tandis que les couches organiques contiennent des protéines. L'épaisseur des couches est de 0,3 à 0,5 micromètre, c'est-à-dire du même ordre de grandeur que les longueurs d'onde de la lumière. Celle-ci, en pénétrant successivement dans les diverses couches, subit des réflexions partielles sur les interfaces. Une partie des rayons réfléchis émergent de la surface et interfèrent, produisant des couleurs interférentielles (Figure 2). Comme pour les teintes créées par une structure en une couche (voir p. précédente), on emploie souvent les termes d'*iridescence* ou d'*irisation* pour désigner de telles couleurs.

D'une façon très générale, lorsque la matière a une structure périodique avec une périodicité spatiale de l'ordre de grandeur des longueurs d'onde de la lumière, chaque élément de la microstructure renvoie séparément une onde lumineuse, et les ondes issues des divers éléments interfèrent en produisant des couleurs interférentielles. La nacre a une structure périodique à une dimension, ainsi que le mica. Il existe également des structures périodiques à deux et trois dimensions (Figure 3) donnant lieu à des couleurs interférentielles impliquant le phénomène de diffraction (un phénomène de déviation des rayons lumineux qui survient notamment quand la lumière se fraye un chemin à travers des trous plus petits que la longueur d'onde). Dans le cas de deux dimensions, on parle de réseaux de diffraction, car les ondes lumineuses diffractées par les éléments de la microstructure interfèrent entre elles. Il en est de même des éléments des structures à trois dimensions, appelées *cristaux photoniques*. Les ailes du papillon morpho et les plumes de paon (voir p. 48) sont de magnifiques exemples de microstructures à deux dimensions, alors que les opales (voir p. 64) ont une microstructure à trois dimensions

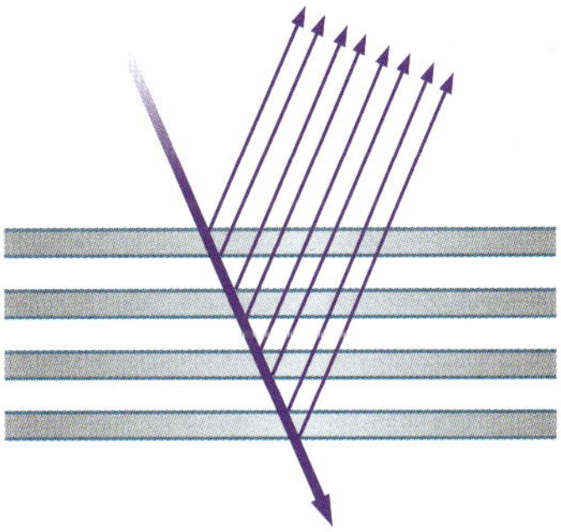

2 Les matériaux constitués d'un empilement de couches, dont l'épaisseur est de l'ordre de grandeur des longueurs d'onde de la lumière, ont des couleurs dues aux interférences entre les ondes lumineuses réfléchies par les diverses couches.

Si la nature produit des exemples variés de couleurs interférentielles, celles-ci se retrouvent également dans des objets du quotidien. Les irisations dont se couvrent les traitements antireflet des lunettes ou certains tissus aux couleurs changeantes nous en donnent des exemples. Elles ne font alors qu'imiter ce qui se passe dans la nacre naturelle et sont dues à l'existence de plusieurs couches de matière qui créent des interférences lumineuses.

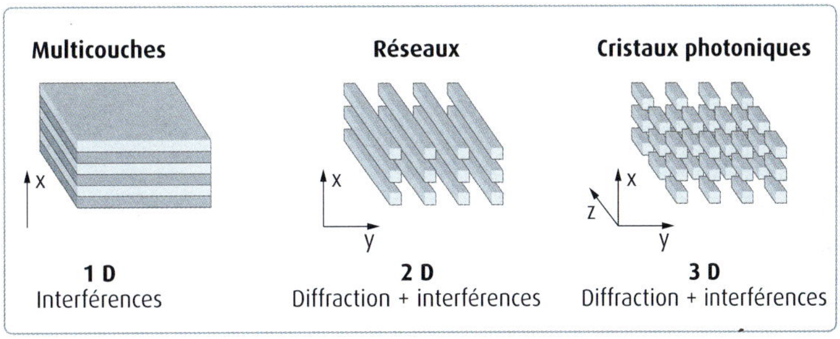

3 Les matériaux dont la structure est périodique à 1 dimension (multicouches), 2 dimensions (réseaux) et 3 dimensions (cristaux photoniques) ont des couleurs résultant des phénomènes de diffraction et d'interférences.

Enfin, les disques compacts exhibent également des couleurs irisées, mais les doivent à une microstructure périodique différente. Plus précisément, un CD est constitué d'une surface réfléchissante (en polycarbonate) gravée en spirale. L'espacement, constant, entre les pistes de la spirale est de l'ordre du micromètre : il s'agit donc bien une structure périodique le long d'un rayon du disque, ce qui donne lieu à des phénomènes de diffraction et interférences.

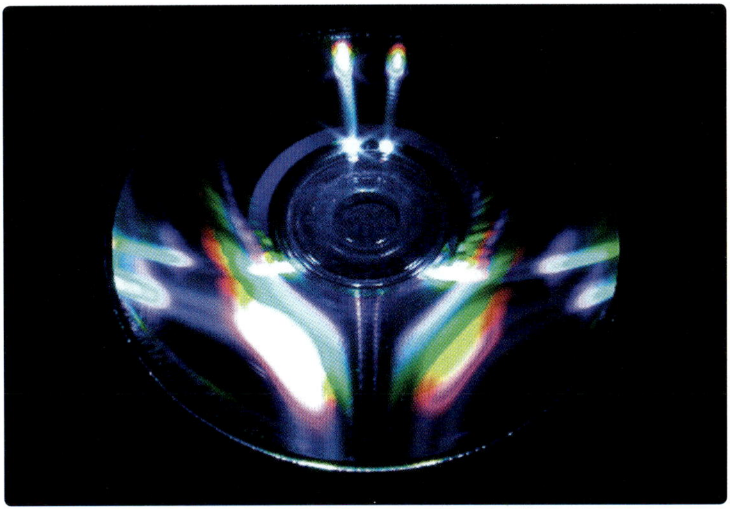

4 Couleurs interférentielles d'un CD.

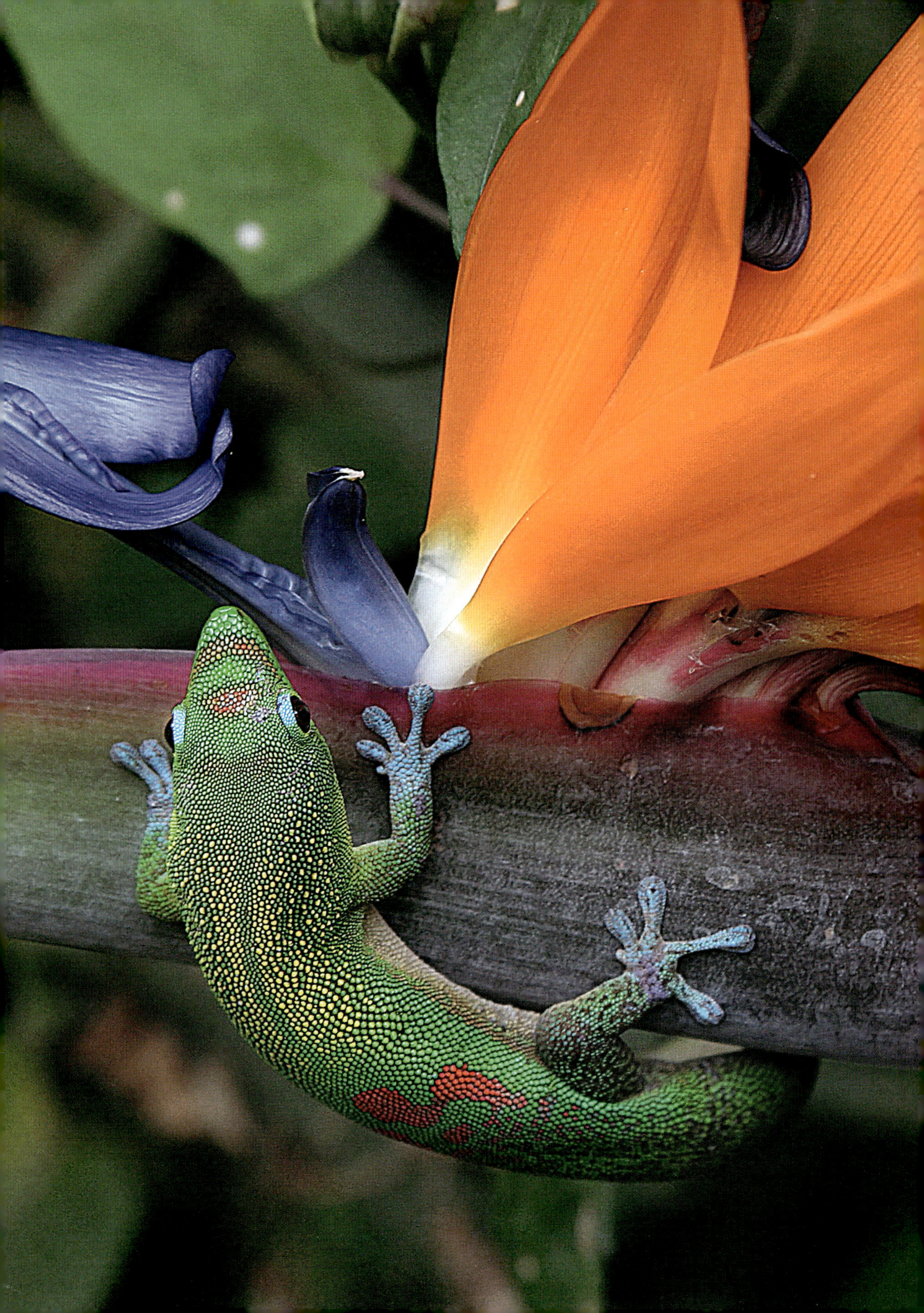

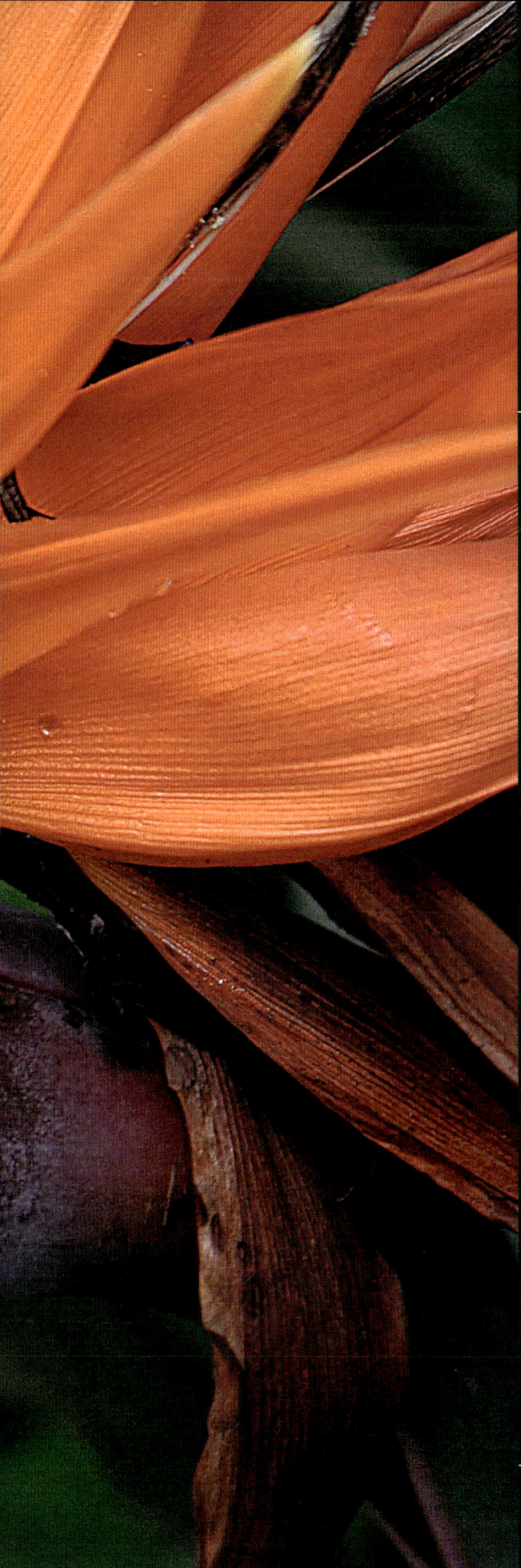

PARTIE 2

Couleur et nature

« Les couleurs sont les sourires de la nature. »

Leigh Hunt, écrivain britannique du XIXe siècle

Les couleurs des minéraux, des végétaux et des animaux sont d'une extraordinaire diversité de teintes et de nuances qui ne cessent de nous émerveiller. Si elles sont un régal pour les yeux, tel n'est pas leur but : elles jouent souvent un rôle important tant dans le monde animal que végétal, pour qui veut se camoufler, tromper, effrayer, séduire ou encore communiquer. En fait, les enjeux des couleurs sont si vastes que nous sommes loin de les avoir tous cernés. Mais le spectacle haut en couleur que nous offre la nature ne s'arrête pas aux êtres vivants et aux pierres. Il y a aussi « le ciel, le Soleil et la mer », comme l'évoque une chanson bien connue. Sans oublier l'arc-en-ciel et les aurores boréales et australes qui ont longtemps fait l'objet de légendes avant que les scientifiques n'en percent les secrets.

Bel exemple de la diversité des couleurs que nous offre la nature.

19 Les couleurs structurales des animaux

Des couleurs interférentielles en version mille-feuille

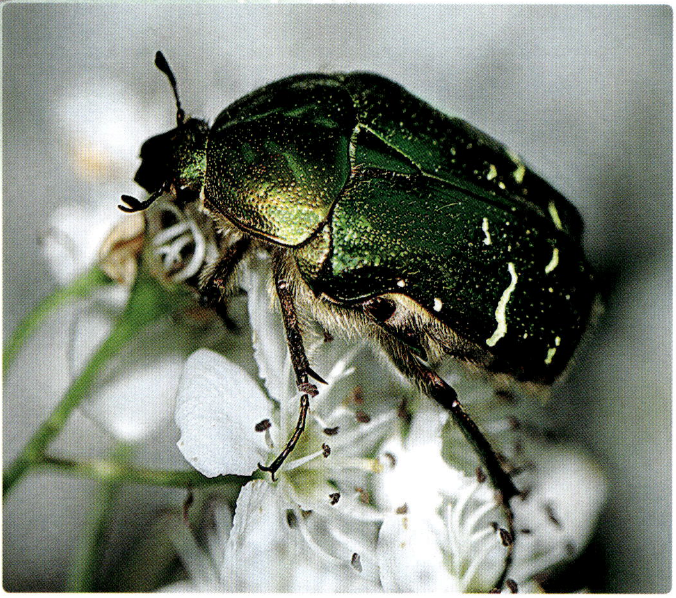
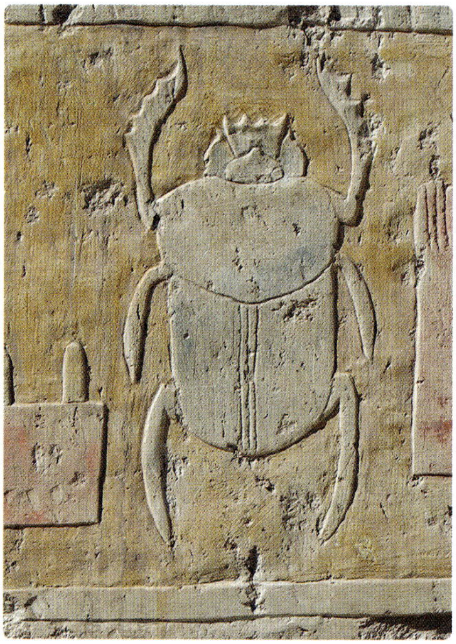

1 Le scarabée *Cetonia aurata* ou cétoine dorée et sa représentation hiéroglyphique (bestiaire égyptien du Temple d'Edfou).

Le scarabée avait une place de choix en Égypte dès la première dynastie (vers 3 000 ans avant notre ère). Il symbolisait la renaissance pour les morts : sur les momies, il était en général posé près du cœur. Pour les vivants, c'était un emblème protecteur : bijoux et amulettes étaient fréquemment à l'effigie de ce coléoptère. L'une des deux espèces de scarabée qui fascinaient les Égyptiens était la cétoine dorée (*Cetonia aurata*) (Figure 1). Cette espèce, commune en Europe aujourd'hui, possède une magnifique couleur vert métallique à reflets dorés. Comme la nacre (voir p. 42), elle doit sa parure à une structure en empilement, qui recouvre sa cuticule, la « carapace » des scarabées. Il s'agit donc d'une couleur interférentielle.

Plus précisément, la cuticule est pour l'essentiel constituée de molécules de chitine (un polymère qui figure comme ingrédient majeur des carapaces des arthropodes), assemblées en fibres microscopiques. Ces fibres sont disposées en feuillets superposés, à l'intérieur desquelles elles sont tournées d'un petit angle par rapport à celles du feuillet inférieur, ce qui conduit à une structure hélicoïdale analogue à celle observée dans les cristaux liquides cholestériques. Les phénomènes optiques se produisant dans ce système lamellaire complexe sont nombreux et il est impossible de les décrire en détail ici. On retiendra seulement que la structure en plusieurs couches est à l'origine de la couleur interférentielle.

Les ailes de certains papillons possèdent également une structure en mille-feuille, comme ceux de la famille des *Uraniidae*. On s'en rend compte facilement en éclairant ces insectes selon plusieurs angles : les couleurs de leurs ailes changent

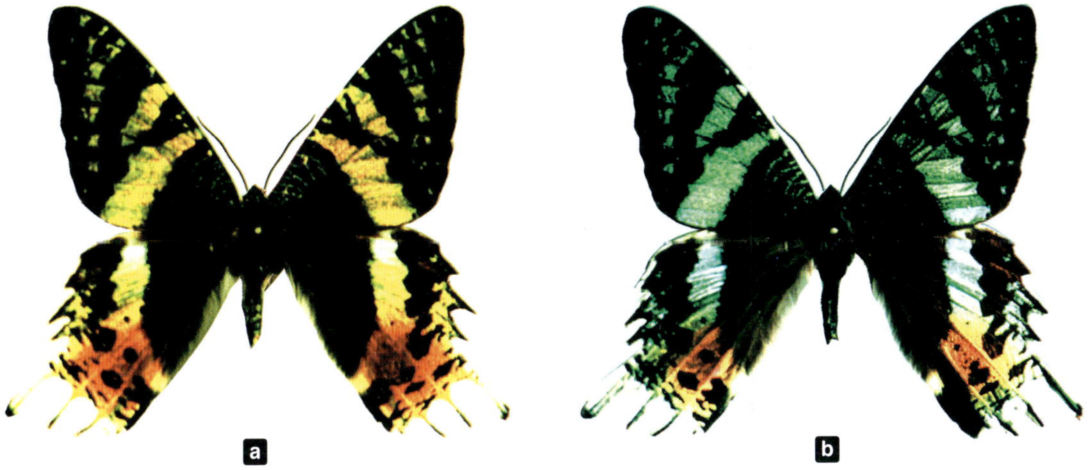

2 Couleurs interférentielles des ailes du papillon *Chrysiridia Madascariensis* éclairées en incidence rasante (a) et en incidence normale (perpendiculaire à la surface de l'aile) (b). La différence de couleurs selon l'angle d'éclairage est due à la structure en mille-feuille des écailles de surface.

alors (Figure 2). Des images en microscopie électronique par transmission ont révélé que la surface des écailles (les ailes des papillons sont couvertes d'écailles comme les poissons, même si elles sont plus petites) était composée d'un empilement de 13 à 15 couches alternées d'air et de chitine à l'épaisseur moyenne de 90 nanomètres. Un réseau de minces fils riches en protéines maintient les couches collées les unes aux autres. Notons que cette structure ne se retrouve que sur les écailles qui affleurent sur les ailes. Les écailles situées dessous ont, elles, une structure simple. Ce sont donc des pigments qui les colorent.

Nous avons vu (voir p. 42) qu'une architecture en mille-feuille, qui est le siège d'interférences lumineuses, renforce notablement les couleurs par rapport à une structure en une seule couche. Cette règle reste valable dans la nature. Dépourvues d'écailles, les ailes des libellules et des mouches sont transparentes : elles exhibent certes des reflets colorés, mais ceux-ci sont très ténus (Figure 3). Remarquons qu'à l'origine, tous les insectes ailés avaient les ailes transparentes. Les écailles sont apparues plus tard au cours de l'évolution, notamment sur les ailes des papillons. D'ailleurs, en brossant délicatement ces dernières pour enlever les écailles, on obtient des ailes transparentes.

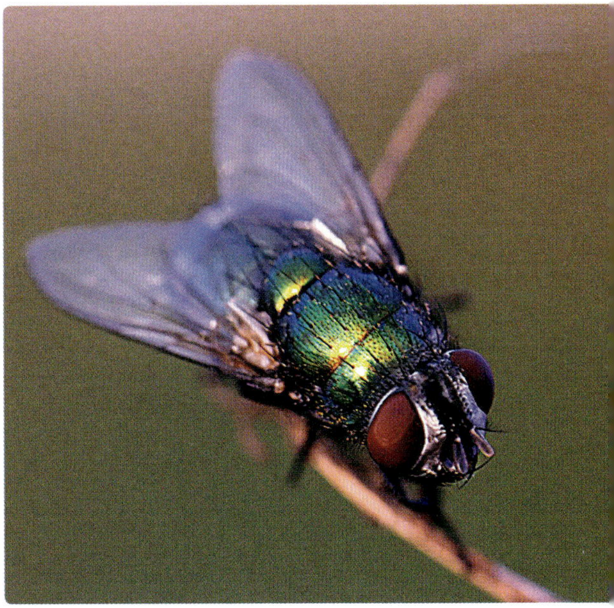

3 Les couleurs irisées des ailes et du corps de cette mouche verte sont d'origine interférentielle. Elles sont moins prononcées sur les ailes, où elles résultent d'une structure à une seule couche, contrairement au corps, qui possède une architecture à plusieurs couches.

Signalons enfin que les couleurs interférentielles des animaux ne sont pas dues seulement à une couche mince unique ou à des couches minces superposées, mais proviennent aussi de structures périodiques diffractant la lumière (voir p. suivante).

20 D'autres couleurs structurales

Des microstructures périodiques bi- et tridimensionnelles

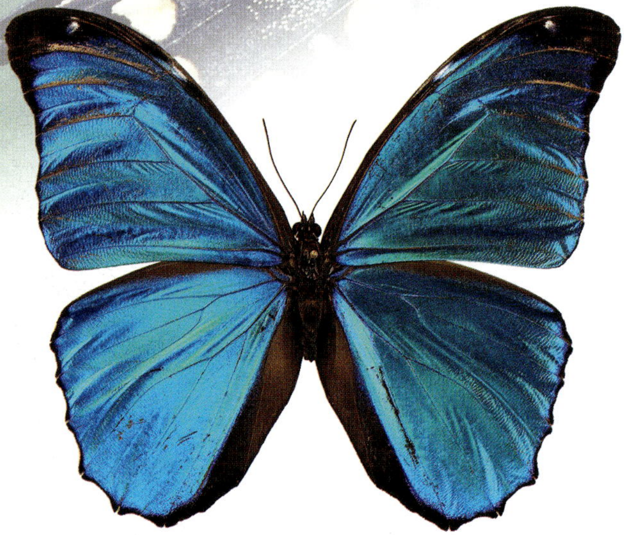

1 Un papillon du type morpho.

Dior l'avait choisie pour illustrer en 1970 sa première publicité pour des lunettes, et, plus récemment, la SNCF s'est servie de cet insecte pour vanter les mérites de l'escapade champêtre : le papillon morpho (Figure 1) a une couleur bleue d'une telle beauté que de nombreuses marques y ont recours. Quelle est l'origine de ce bleu ? Pour prouver qu'il n'est pas pigmentaire, il suffit de plonger les ailes du morpho dans un liquide dont l'indice de réfraction est proche de celui de la chitine constitutive des écailles : la couleur disparaît !

Un examen approfondi d'une aile de morpho montre que les écailles de surface sont transparentes, tandis que celles situées dessous présentent des stries constituées d'un empilement de 6 à 12 lamelles de chitine maintenues à distance constante. Ces stries forment un réseau de diffraction (voir p. 42). La théorie des interférences lumineuses confirme que ce réseau réfléchit en majorité la lumière bleue : le nombre de stries par millimètre étant d'environ 1 800, le calcul montre que seules les radiations de longueurs d'onde inférieures à environ 500 nanomètres sont réfléchies par les écailles, ce qui correspond au bleu et au vert (Figure 2). Le jeu des interférences n'est pas l'unique origine des teintes du morpho. Le papillon possède aussi un fond d'écailles noires, dont la couleur encre provient de pigments. Améliorant le contraste, ce fond est d'ailleurs pour beaucoup dans l'éclat des ailes du morpho.

Les réseaux de diffraction se retrouvent chez d'autres animaux, le paon par exemple (Figure 3). Les couleurs d'une plume de paon changent de façon spectaculaire selon l'inclinaison. Ces couleurs interférentielles sont dues à la morphologie des barbules de la plume (si l'on compare une plume à un arbre, les barbules sont les branches terminales) dont la microstructure périodique à deux dimensions constitue, là encore, un réseau de diffraction que révèle la microscopie électronique. Pour vous convaincre qu'il ne s'agit pas de couleurs dues à des pigments, observez une plume de paon à l'envers par transparence, en l'appliquant sur l'abat-jour d'une lampe par exemple : les couleurs disparaissent, laissant place à une triste teinte brune due à la présence de mélanines, molécules pigmentaires qui se retrouvent dans tout le monde animal et qui jouent un rôle de protection contre les UV.

Outre les structures à deux dimensions, il existe aussi dans la nature des microstructures périodiques à trois dimensions, appelées *cristaux photoniques* : les fameuses opales précieuses en offrent un bel exemple (voir p. 64). Chez les animaux, certains coléoptères possèdent des écailles constituées de microsphères creuses disposées de façon périodique au sein d'une matrice solide (Figure 4). Ce type de structure est appelé *opale inverse*.

Comme nous l'avons vu dans les deux dernières sections, les couleurs structurales sont très présentes chez les animaux. Gardons néanmoins à l'esprit que ce sont en fait les couleurs pigmentaires qui prédominent (voir page suivante).

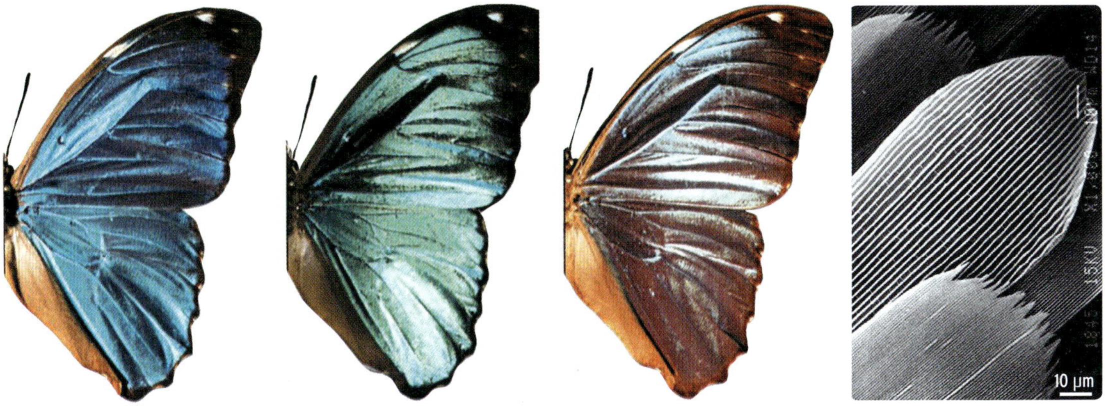

2 Les ailes de *Morpho menelaus* apparaissent iridescentes et leur couleur varie selon l'angle d'incidence de la lumière, ce qui s'explique par la microstructure périodique à deux dimensions des écailles situées en profondeur, révélée par la microscopie électronique à balayage (à droite).

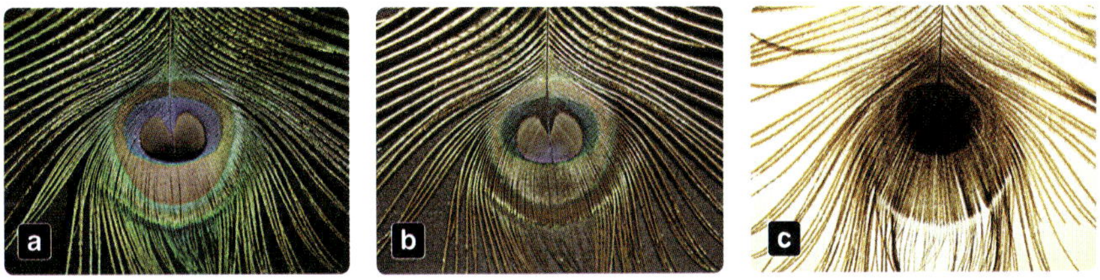

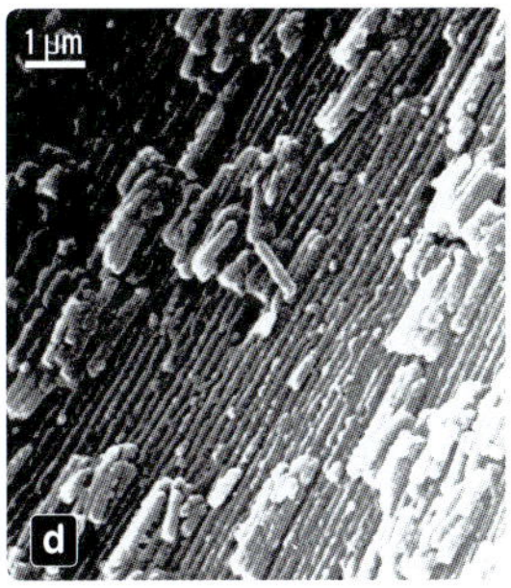

3 Les couleurs interférentielles d'une plume de paon varient selon l'inclinaison (a et b). Ces couleurs disparaissent lorsqu'on observe la plume à l'envers et par transparence (c). La microscopie électronique à balayage révèle la microstructure périodique à deux dimensions (d).

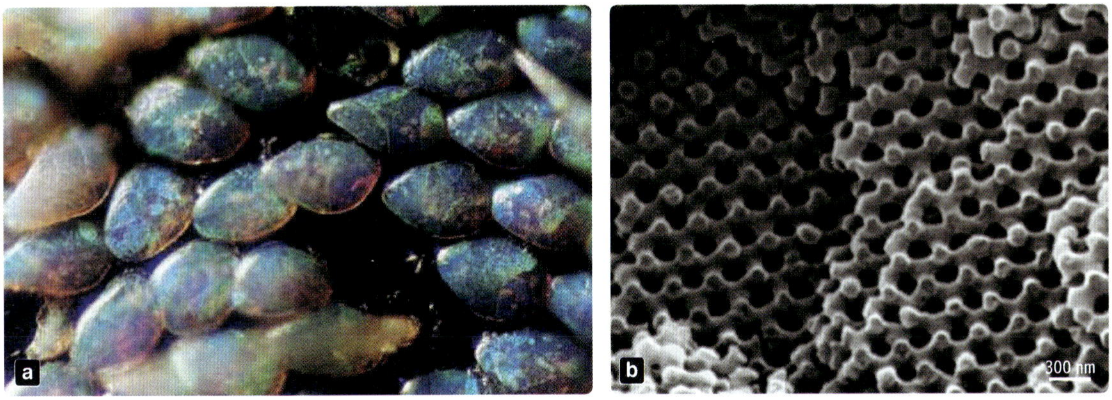

4 Les couleurs iridescentes des écailles du coléoptère *Cyphus hankoki*, vues au microscope optique avec un grossissement de 200 (a), sont dues à la microstructure périodique à trois dimensions de chaque écaille. Ces dernières sont constituées de microsphères creuses au sein d'une matrice solide, comme le montre le cliché de microscopie électronique à balayage (b).

21 Les pigments colorent les animaux

Des pigments produits par l'animal ou d'origine alimentaire

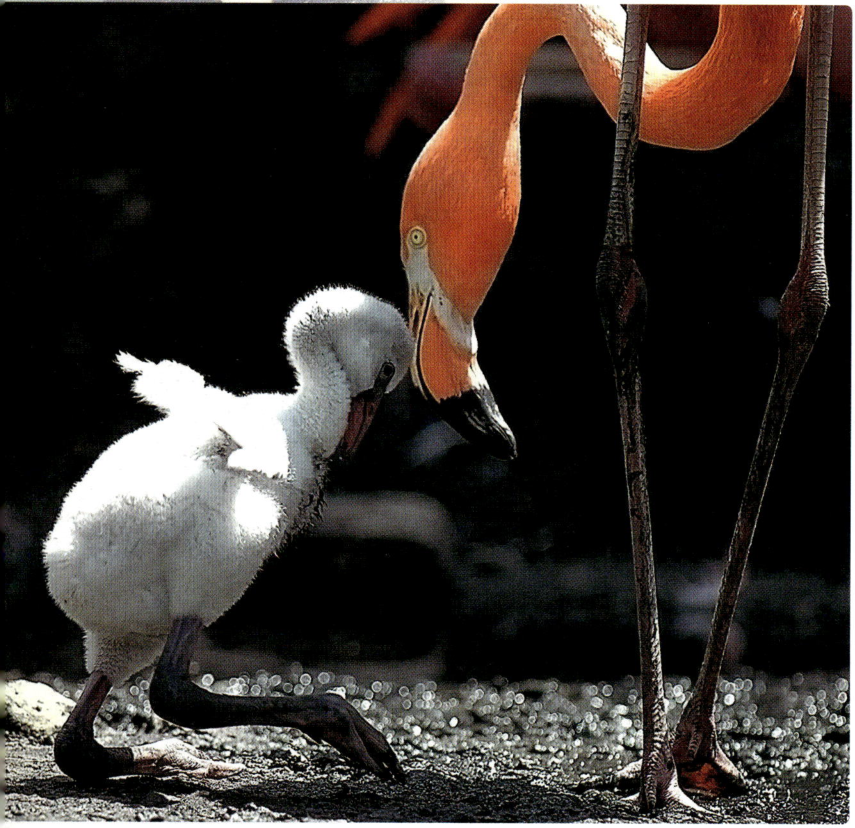

1 Le flamant rose est un bel exemple de couleur d'origine alimentaire. Le bébé flamant, blanc à la naissance, deviendra rose en mangeant des petites crevettes.

Le flamant rose soulève une question qui paraît à première vue défier les notions les plus élémentaires de la biologie de la reproduction : pourquoi la femelle flamant met-elle au monde un bébé tout blanc des pattes jusqu'au bec (qui n'est pas un albinos) (Figure 1) ? La réponse est simple : le flamant ne doit pas sa parure à des pigments dont il aurait hérité de ses parents, mais à son alimentation. Celle-ci est constituée essentiellement de petites crevettes, qui se nourrissent elles-mêmes d'algues renfermant un pigment qui appartient à la famille des *caroténoïdes*. Cessez de nourrir un flamant avec ces crevettes et il redeviendra blanc...

Seuls les végétaux peuvent synthétiser les pigments de type caroténoïde (la carotte en est l'exemple le plus banal, voir p. 60). Lorsque ces derniers sont ingérés par les animaux, ils sont transformés chimiquement et se fixent dans les plumes. Celles-ci se teintent alors de couleurs rouge, orangé, jaune, ou crème selon la structure chimique des pigments et la façon dont ils sont associés aux autres constituants cellulaires. Outre les flamants roses, citons le canari comme animal dont la couleur subit l'influence de l'alimentation : si vous voulez accentuer le jaune d'un canari, donnez-lui une nourriture à base de carotène (des crevettes par exemple) ! C'est précisément l'astuce qu'utilisent les pisciculteurs pour colorer la chair des saumons d'élevage et leur donner la couleur de leurs homologues sauvages.

Ces exemples de coloration sous influence alimentaire sont rares, la majorité des animaux fabriquant eux-mêmes les pigments de leur pelage, de leurs plumes, etc. Les *mélanines*, donnant des couleurs allant du brun au noir, en sont l'illustration. Produites par des cellules spécialisées de la peau (les mélanocytes), elles sont responsables notamment de la couleur des poils des mammifères (ainsi que des cheveux des humains).

Les couleurs jaune, rouge, orangé et fauve sont, elles, dues à une grande variété d'autres pigments : *ptérines*, *ommochromes*, *flavonoïdes* et *pigments biliaires*. Les ailes des papillons possèdent ces différents pigments en masse. À titre d'exemple, la figure 2 montre la diversité des couleurs des ailes du papillon paon du jour (*Inachis io*). Son nom vient des motifs en forme d'œil, les ocelles, que l'on trouve aussi sur les plumes de paon, destinés à effrayer les prédateurs. Remarquez leurs reflets bleutés : ils ne proviennent pas d'un pigment bleu, mais sont d'origine interférentielle. Un peintre du XVIIe siècle, van Schriek, a d'ailleurs cherché à orner une de ses toiles d'écailles bleues prélevées sur des papillons. En vain. À son grand désespoir, le liant appliqué sur les écailles pour les coller annihilait les couleurs.

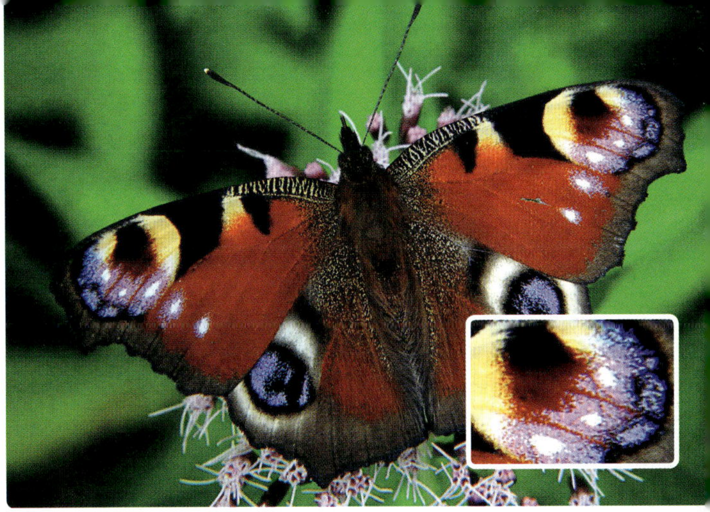

2 Les couleurs de ce papillon (paon du jour, *Inachis io*) sont dues à divers pigments, à l'exception des taches bleutées des ocelles (détail) qui sont d'origine interférentielle.

D'une façon générale, la couleur bleue chez les animaux est rarement due à des pigments, mais est plutôt d'origine interférentielle. Nous avons vu dans les sections précédentes plusieurs exemples de couleurs interférentielles bleues. Il existe un autre phénomène physique produisant une lumière bleutée : c'est la diffusion de la lumière par des particules dont la taille est inférieure à la longueur d'onde de la lumière. Les reflets bleutés des poissons, dont la peau renferme des microcristaux de guanine, s'expliquent ainsi. De même, le bleu de certaines plumes d'oiseau (en particulier chez le perroquet) résulte de la diffusion de la lumière par les barbes de la plume.

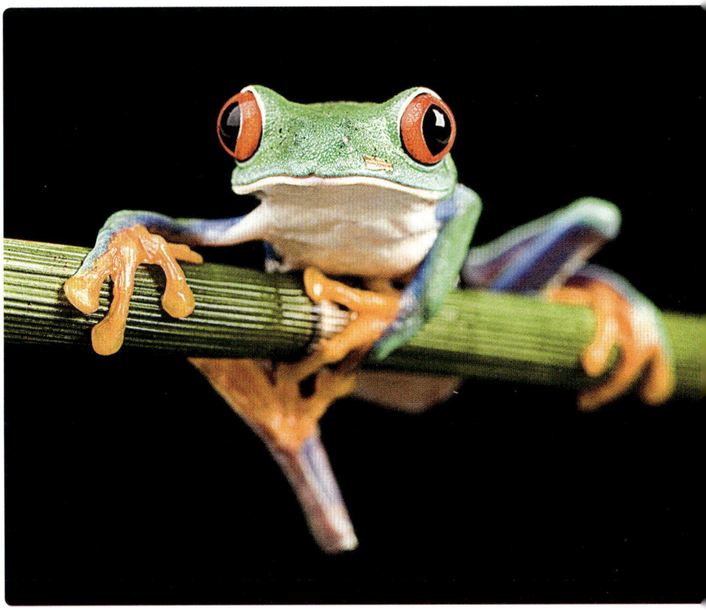

3 Les couleurs rouge et orangé de cette petite rainette des forêts tropicales sont d'origine pigmentaire. En revanche, la couleur verte de son corps n'est pas due à un pigment vert, mais à la superposition de la couleur jaune d'un pigment et de la couleur bleue due à la diffusion de la lumière. La couleur bleue visible sur une partie des pattes résulte également de la diffusion de la lumière.

Aux couleurs dues aux pigments se superpose parfois le bleu venant de la diffusion de la lumière. Si les pigments sont jaunes, cette superposition confère alors une apparence verte, comme chez les lézards et les batraciens (Figure 3), dont la peau contient des pigments jaunes et est recouverte de microparticules diffusant la lumière. La couleur verte de certaines plumes d'oiseau (les perruches ondulées et les perroquets, par exemple) s'explique de la même façon. Les couleurs pigmentaires et les couleurs interférentielles coexistent chez de nombreux animaux.

22 Les animaux qui produisent de la lumière

Le phénomène de bioluminescence

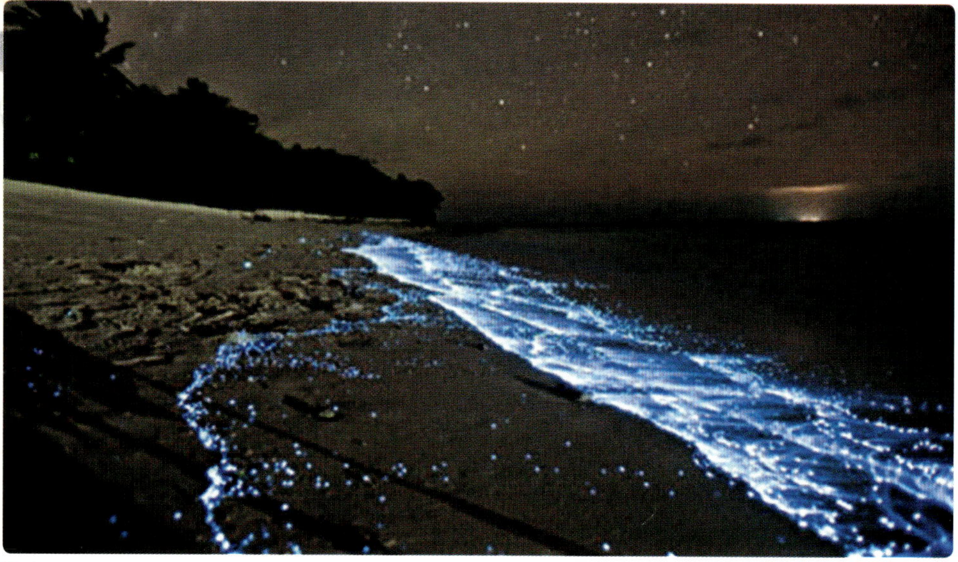

1 Sur l'île de Vaadhoo de l'atoll de Raa (Maldives), l'agitation de l'eau sur le bord déclenche l'émission de lumière bleue par des microorganismes bioluminescents.

En marchant dans l'eau le long de certaines plages, en particulier dans les Caraïbes, vous aurez la surprise de constater que chacun de vos pas déclenche un halo de lumière bleue (Figure 1). Les responsables de cet embrasement marin sont des micro-organismes, des dinoflagellés, une variété de plancton végétal pourvue de deux flagelles servant à la locomotion. L'émission de lumière en réponse à une contrainte mécanique (ici, le mouvement de vos pieds) appartient au phénomène plus général de bioluminescence, et non de la phosphorescence comme on l'entend souvent !

Le mécanisme qui en est responsable est une réaction biochimique à l'issue de laquelle l'une des molécules formées a acquis un surplus d'énergie. Elle s'en débarrasse en émettant spontanément de la lumière. La réaction en question est l'oxydation (un type de réaction au cours de laquelle une espèce chimique transfère des électrons à une autre) d'une molécule appelée *luciférine*. Cette réaction exige la présence d'une certaine enzyme tenant le rôle de catalyseur : la *luciférase*. Les détails du scénario qui se joue entre la luciférine et la luciférase différant selon les espèces, le surplus d'énergie générateur de lumière varie aussi, tout comme la couleur émise, qui va du bleu au rouge en fonction des animaux.

Des milliers d'espèces sont bioluminescentes. Dans le monde terrestre, en font partie quelques rares champignons et une famille d'insectes, les coléoptères. Les *lucioles* clignotent en volant, par exemple. On a dénombré pas moins de 130 sortes de signaux lumineux parmi les 2 000 espèces de lucioles existantes, les signaux se distinguant par la répartition des segments lumineux sur l'abdomen des insectes. Séduisante est aussi l'élatéride des Antilles qui porte un organe bioluminescent orange en forme de cœur sur l'abdomen et deux organes jaune-vert sur les épaules. Moins charmants sont les vers luisants (Figure 2) qui d'ailleurs portent mal leur nom, car il s'agit des femelles sans ailes du *lampyre* (du latin *Lampyris*, « porteur de lumière »).

Mais c'est surtout dans le monde marin qu'on trouve une grande variété d'animaux lumineux : crustacés, méduses, poissons, etc. (Figure 3). Produire de la lumière y est parfois une question de survie : dans les abysses, là où la lumière du Soleil ne parvient pas, au moins 80 % des espèces sont bioluminescentes. Au sein du plancton végétal, les êtres vivants bioluminescents sont, comme dans l'atoll de Raa, les dinoflagellés. Le plancton animal compte, quant à lui, divers organismes bioluminescents : des mollusques, des crustacés et des annélides (des vers dotés d'anneaux le long du corps). En ce qui concerne les poissons, de nombreuses espèces (dont le poisson-phare, qui habite les récifs coralliens) possèdent des taches lumineuses réparties en réseaux spécifiques : des *photophores* contenant des bactéries qui y vivent en symbiose.

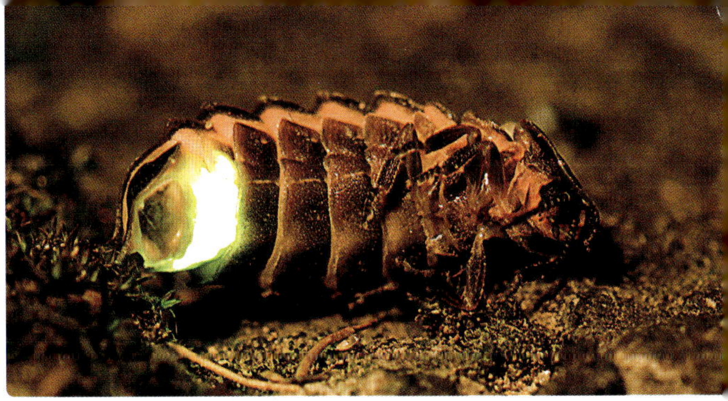

2 Bioluminescent, le ver luisant est la femelle non ailée du lampyre.

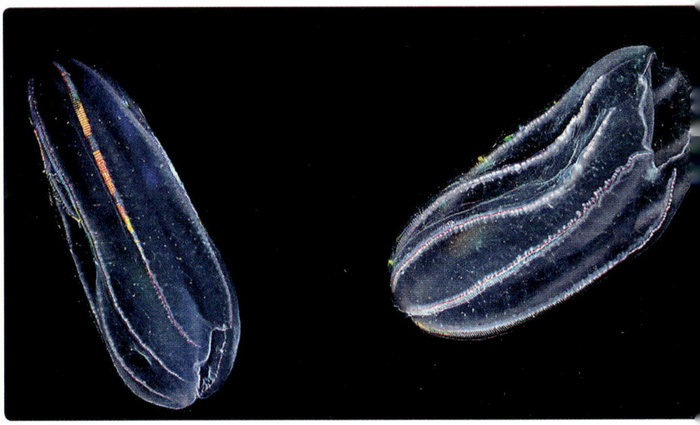

3 Ce cténophore est un organisme marin que l'on trouve en mer d'Australie et qui émet une variété de lumières colorées.

Ces bactéries émettant spontanément de la lumière, les poissons ne contrôlent pas leur bioluminescence. C'est le cas également des organismes monocellulaires (les dinoflagellés, par exemple), où le déclenchement du phénomène est d'origine mécanique : l'agitation de l'eau provoque une déformation de la membrane cellulaire. Des expériences ont montré qu'il faut à la fois exercer un cisaillement (« tordre » l'organisme) et une accélération sur les organismes monocellulaires pour induire leur bioluminescence. En revanche, chez les êtres vivants pluricellulaires, c'est l'organisme lui-même qui commande la bioluminescence par voie nerveuse, même si *in fine* l'émission de lumière se fait mécaniquement au niveau cellulaire.

Comment se caractérise la bioluminescence ? Son intensité est extrêmement variable dans la nature. Une bactérie bioluminescente est indétectable par l'œil humain, alors que l'on distingue facilement une colonie de bactéries. Certaines couleurs – comme celles des photophores des poissons – sont flamboyantes. L'œil voit également très bien un seul dinoflagellé qui émet plus de 100 photons en un dixième de seconde. Enfin, certaines méduses émettent des éclairs très intenses (jusqu'à 200 milliards de photons par seconde) dont la durée atteint 10 secondes.

Au niveau de sa durée, l'émission bioluminescente est parfois continue, mais elle se produit le plus souvent par éclairs d'une durée de 0,1 à 10 secondes avec une fréquence allant de 4 par seconde jusqu'à 30 par seconde (dans le cas d'une stimulation électrique). Cette particularité joue un rôle dans le sens biologique à donner à la bioluminescence, qui sera décrit p. 57.

23 Les animaux « fluo »

Fluorescence naturelle et artificielle

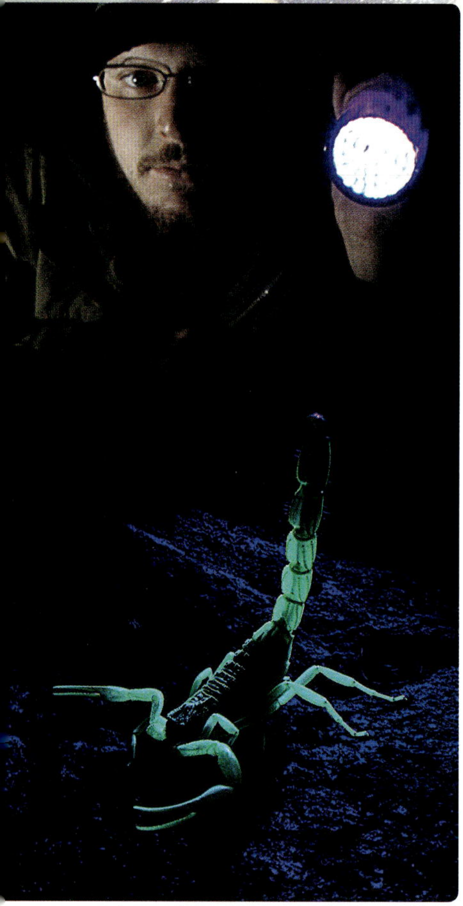

1 Éclairé par une lampe riche en UV, ce scorpion africain se détecte facilement par sa fluorescence bleue.

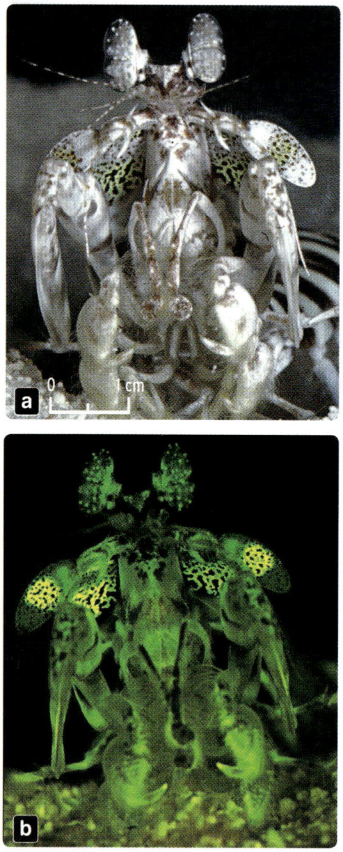

2 Cette crevette mante (a) apparaît encore plus impressionnante lorsqu'elle est éclairée par une lumière bleue (b) en raison de la fluorescence vert-jaune qu'elle émet.

Si vous séjournez dans une région où sévissent les scorpions, vous pouvez facilement les détecter à la tombée de la nuit à l'aide d'une petite lampe UV ou d'une LED émettant dans le violet. Dans le faisceau de cette lampe, ces animaux nocturnes et crépusculaires apparaîtront d'une étrange couleur bleue (Figure 1). Leur cuticule (l'équivalent de leur carapace) contient en effet des molécules fluorescentes (β-carboline et hydroxy-méthyl-coumarine, précisément).

Les scientifiques ignorent le rôle que pourrait jouer cette fluorescence. En revanche, ils ont identifié celui de l'intense fluorescence vert-jaune de la crevette mante *L. glabriuscula* (dont la taille peut atteindre 22 cm) : elle donne une apparence redoutable à ce crustacé flamboyant qui roule des mécaniques (Figure 2). La fluorescence lui permet d'effrayer ses prédateurs et d'en mettre plein la vue aux mâles qui voudraient s'approcher de son antre. Elle est particulièrement visible sous une lumière bleue. Et pour cause : en raison du filtrage de la lumière solaire par l'eau de mer, c'est la couleur dominante à grande profondeur (voir p. 70).

Le monde marin abrite bien d'autres espèces fluorescentes : des anémones, des coraux et des poissons. Un cas intéressant est celui des poissons qui émettent une fluorescence dans le rouge. Ce « choix » de couleur est *a priori* étonnant puisque la lumière rouge venant du Soleil est absorbée au bout d'une dizaine de mètres de profondeur. C'est la raison pour laquelle les yeux des poissons sont en général très peu sensibles dans le rouge. En dépit de cette limitation habituelle, il a été montré que certains poissons des récifs coralliens « voient rouge » et communiquent grâce

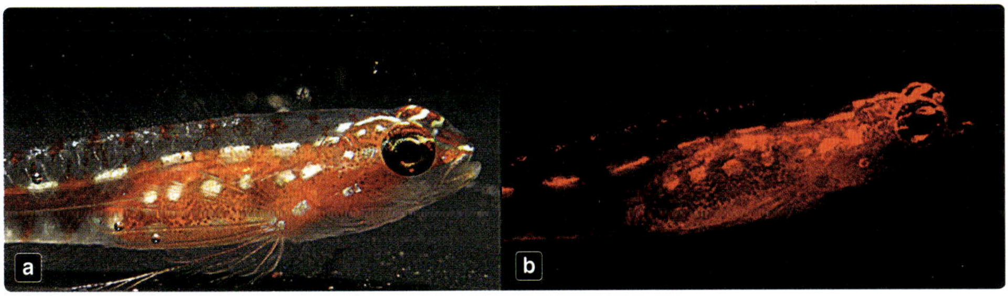

3 **Le poisson *P. prognatha* éclairé en lumière blanche (a) et en lumière bleue (b,** observation à travers un filtre rouge). Ce poisson émet de la fluorescence dans le rouge, ce qui lui permet de communiquer avec ses congénères.

à la fluorescence rouge, émise par des cristaux de guanine et des pigments fluorescents (Figure 3). À défaut de recevoir de la lumière rouge à cette profondeur, ces poissons la produisent.

Autre exemple de communication entre espèces via la fluorescence : les perruches ondulées, dont certaines zones du plumage jaune de la tête et des joues sont fluorescentes. L'intensité de la fluorescence émise aiderait les femelles à choisir leur partenaire ! La fluorescence, moyen de séduction ? L'homme a bien inventé des cosmétiques fluorescents (voir p. 88) !

Il est possible de rendre un animal fluorescent. La figure 4 montre des souris transgéniques rendues fluorescentes par insertion du gène d'une protéine fluorescente dans l'ADN de ses cellules. Grâce à cette « fusion » génétique, la « machine » cellulaire produit cette protéine fluorescente et rend l'animal fluorescent. Des lapins, cochons, poissons, et même des singes transgéniques fluorescents ont également vu le jour. Ce n'est pas une fantaisie de chercheur, mais un outil fantastique pour étudier le développement embryonnaire, suivre l'évolution de cellules tumorales, etc. Dans ces études, la protéine fluorescente la plus couramment employée est la GFP (*Green Fluorescent Protein*), issue d'une méduse bioluminescente : *Aequora victoria*. La GFP a révolutionné la microscopie de fluorescence pour la visualisation du vivant. Le développement de différents types de protéines fluorescentes (obtenues par mutation de la GFP ou issues de diverses espèces de coraux) a rendu possible l'imagerie multicouleurs.

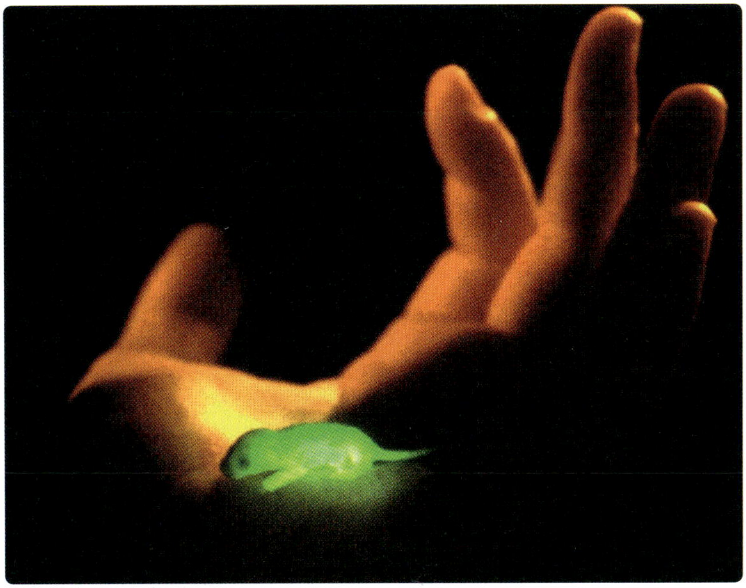

4 Souris transgénique fluorescente.

24 Le rôle des couleurs chez les animaux

Se camoufler, tromper, effrayer, séduire, communiquer

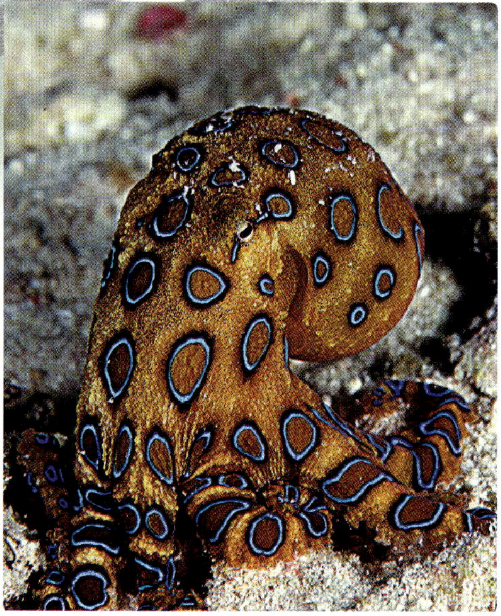

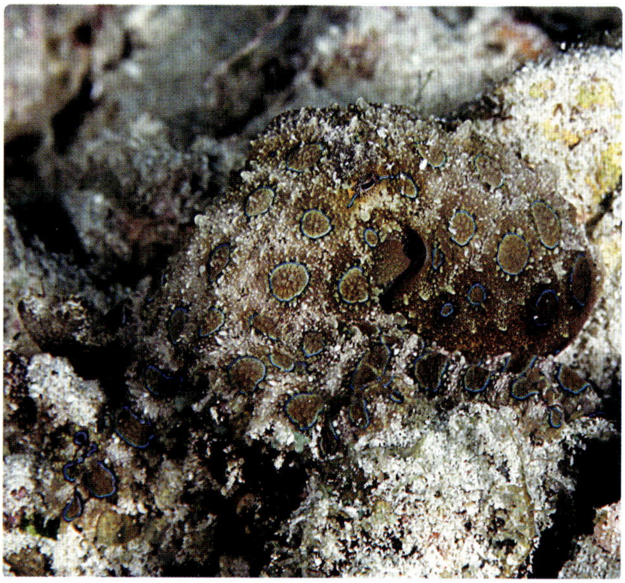

1 Le poulpe est doté d'une étonnante capacité de camouflage, mimant les couleurs de son environnement. Le reconnaîtrez-vous sur la photo de droite ?

Quel est l'animal champion du camouflage ? Le caméléon, répondrez-vous sans doute. Certes, mais encore plus doué est le poulpe (ou pieuvre) (Figure 1). Ce mollusque est capable de rétracter ou dilater ses cellules pigmentaires, les *chromatophores*, dont son corps est recouvert, et de changer à volonté les couleurs et les aspérités de sa peau. Ces métamorphoses sont contrôlées par le cerveau du poulpe, pardon par ses neuf cerveaux (qui lui confèrent d'ailleurs une intelligence exceptionnelle). La preuve ? Mettez du collyre dans ses yeux pour troubler sa vue et le poulpe perdra ses facultés de camouflage ! La pieuvre « pantomime » peut non seulement prendre la couleur d'un animal, mais aussi sa forme (serpent de mer, raie, poisson plat, etc.) pour tromper ses prédateurs ou ses proies. Le caméléon (Figure 2) n'a plus qu'à se rhabiller !

Bien d'autres espèces ont la faculté de se fondre dans leur environnement (une faculté appelée l'*homochromie*) pour se cacher : les phasmes (du grec *famma*, « apparition » ou « fantôme »), les papillons-feuilles, les poissons plats sur des fonds sableux, etc. Certains poissons bioluminescents, eux, possèdent des photophores ventraux émettant une lumière d'une couleur très semblable à celle qui vient du ciel (Figure 3) : ils sont ainsi invisibles de tout animal situé en-dessous d'eux.

Hormis des questions de dissimulation, la couleur est également mise à profit lors d'une sorte de partie de poker menteur. L'intérêt pour les animaux qui jouent à ce jeu ? Paraître plus dangereux pour éloigner les prédateurs. Ainsi, certains ressemblent-ils à des espèces venimeuses ou indigestes, alors qu'ils sont en fait inoffensifs. Un exemple classique est le faux-bourdon: il ressemble à un frelon avec ses rayures jaunes et noires, mais ne pique pas. De même, certaines espèces inoffensives de serpents évoquent d'autres très venimeuses. Cette ressemblance avec une espèce dangereuse est si parfaite qu'il est souvent difficile de distinguer l'original de la copie.

Question défense, la bioluminescence offre également de nombreuses possibilités. Les méduses, les anémones de mer et certains poissons émettent des éclairs pour effrayer les prédateurs. Un petit crustacé (*Cypridina*) éjecte, lui, dans l'eau de la luciférine et de la luciférase (voir p. 52). Ces deux molécules forment un nuage de lumière colorée, ce qui couvre en quelque sorte la fuite du crustacé face à un danger.

Les couleurs peuvent être répulsives, mais aussi attractives. Certains animaux ont développé des leurres lumineux, avec lesquels ils charment leurs proies. Ainsi, la tête de la baudroie abyssale est pourvue d'une tige qui arbore à son extrémité des photophores contenant des bactéries luminescentes. Tel l'appât d'une canne à pêche, cet organe est destiné à attirer des proies à proximité de la bouche de la baudroie. C'est vraisemblablement pour la même raison qu'un poisson, *Neoscopelus*, possède un photophore sur sa langue.

Enfin, dans la monde animal, les couleurs jouent fréquemment un rôle en matière de communication, en particulier pour faciliter le rapprochement entre mâles et femelles. Chez certains oiseaux ou poissons, les mâles adoptent des couleurs vives pour séduire les femelles en période de reproduction. La roue multicolore du paon mâle en est un exemple spectaculaire. Si le caméléon sait changer de couleur, ce n'est pas seulement pour se camoufler ou effrayer un prédateur, mais aussi pour courtiser des femelles. Chez certaines lucioles, le mâle en vol émet un signal lumineux auquel la femelle répond par un signal prolongé qui le guide jusqu'à elle.

Les couleurs des animaux n'ont pas fini de nous étonner et nous émerveiller. Nous sommes certainement loin d'en avoir compris tous les rôles.

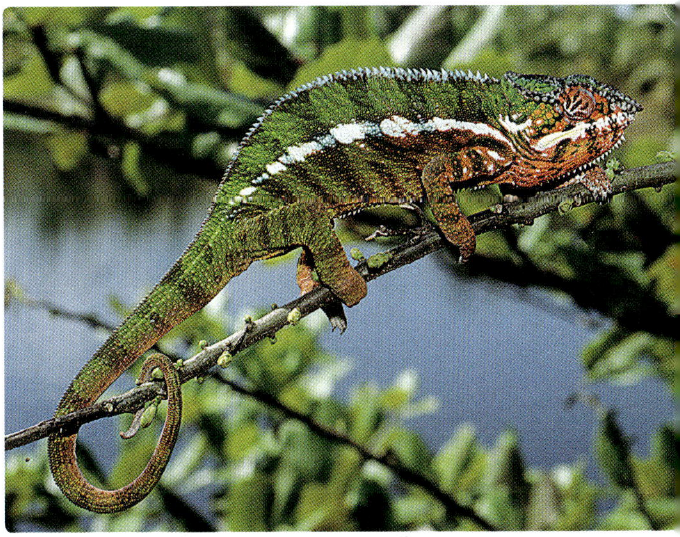

2 Le caméléon change à volonté de couleur pour se camoufler, effrayer les prédateurs… et séduire les femelles. Il provoque des changements de couleur en modifiant la répartition spatiale des pigments foncés contenus dans des cellules à la surface de son corps.

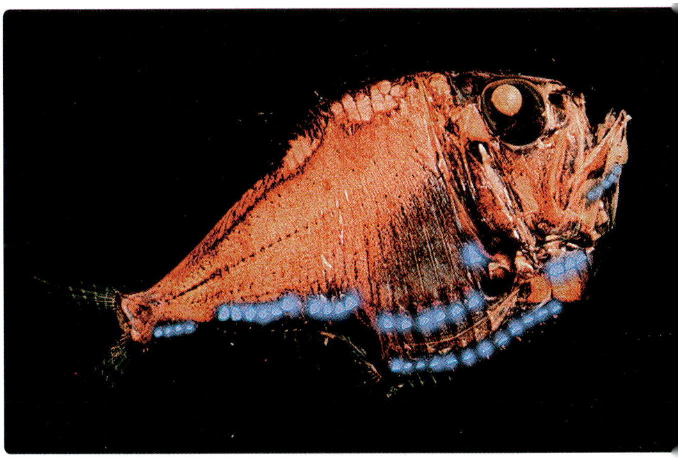

3 Ce poisson des abysses (*Argyropelecus pacificus*) échappe à la vue de toute espèce située sous lui grâce à lumière bleutée, imitant celle qui vient du ciel, émise par ses photophores ventraux.

25 La verdure du monde végétal

Et les teintes mordorées de l'automne

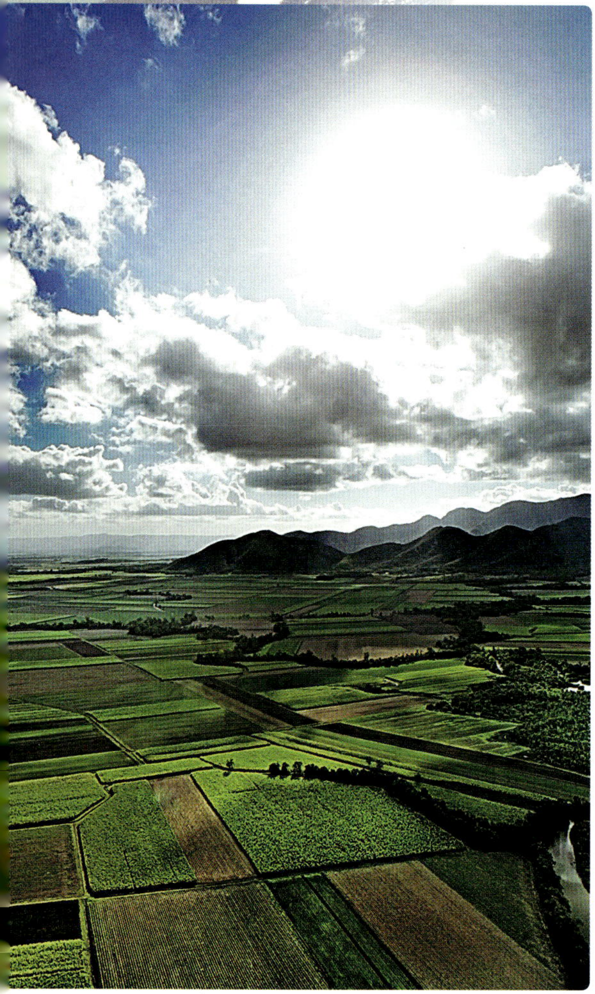

1 La Terre vue du ciel offre à nos yeux une grande variété de couleurs, même si c'est le vert qui prédomine.

Feuilles des arbres, mousses, algues, lichens, etc.: si le vert est spontanément associé à la nature et à l'écologie, c'est parce que la couleur verte est la plus répandue sur le sol terrestre (Figure 1). De nombreuses locutions nous rappellent cette prédominance, comme se mettre au vert, avoir la main verte... L'un des derniers avatars de cette intrusion dans le langage est la *chimie verte*, un terme introduit par des chimistes américains en 1998 pour désigner les processus et les réactifs chimiques peu ou pas néfastes pour l'environnement.

Pourquoi le vert est-il omniprésent dans la nature ? Pour des raisons historiques, liées aux premiers âges de notre planète. Les organismes monocellulaires apparus dans les océans, il y a 3,5 milliards d'années, étaient des algues contenant des *chlorophylles* (des pigments verts). Par la suite, d'autres algues vivant à la surface de l'eau se sont mises à produire de nouveaux pigments, les *caroténoïdes* (des pigments oranges et jaunes), afin de se protéger des effets néfastes du Soleil. Tout le règne végétal a hérité de ces différents pigments en même temps que les organismes évoluaient et se diversifiaient au cours des milliards d'années suivants, ce qui explique la prééminence aujourd'hui du vert en été... mais aussi des teintes orangées à l'automne.

Comment se déroule la transition entre l'été et l'automne chez les végétaux ? En été, la photosynthèse bat son plein et les chlorophylles (du grec *phullon*, « feuille », et *khlôros*, « vert »), majoritaires dans les feuilles, masquent les autres pigments. La couleur des feuilles est alors essentiellement verte, avec diverses nuances. La chlorophylle *a*, la plus importante, absorbe en effet efficacement la lumière dans le violet, le rouge et l'orangé, un peu dans le jaune et le bleu, mais presque pas dans le vert (Figure 2). La chlorophylle *b* absorbe, elle, davantage la lumière dans le bleu. La couleur d'une feuille correspondant aux longueurs d'onde pour lesquelles la lumière n'est pas absorbée ou faiblement, elle est donc essentiellement verte en été.

Reconnaissons toutefois que tous les végétaux ne sont pas strictement verts en été. Les nuances observées dans une forêt, par exemple, résultent des proportions relatives des chlorophylles *a* et *b*. La présence de caroténoïdes (pigments jaunes et orangés) peut jouer, mais leur contribution à la couleur est toutefois mineure. D'autres facteurs sont responsables des nuances pour une même espèce végétale : déficit d'éléments minéraux induisant une diminution de la teneur en chlorophylle (chlorose), excès de nitrate conduisant à une forte teneur à l'inverse, présence de virus responsables de taches (vertes ou blanches), etc.

À l'automne, le rendement de la photosynthèse diminue, car les jours raccourcissent et la température moyenne est moins élevée. Les chlorophylles sont alors dégradées et ne masquent pas les autres pigments dont la variété de couleurs est superbe : jaune et orangé pour les caroténoïdes, rouge pour les anthocyanes qui sont produits par certains arbres à l'automne (Figure 3).

Comment les anthocyanes sont-ils apparus au cours de l'évolution ? Les tons rouges confèrent-ils un avantage par rapport aux jaunes et aux orangés ? Une observation faite en Amérique du Nord fournit une réponse plausible à cette dernière question. En automne, les feuilles de l'érable du Canada et du copalme d'Amérique sont jaunes en plaine, là où le sol est riche, et rouges en altitude où le sol est pauvre. Dans ce dernier cas, on pense que la protection accrue qu'assurent alors aux feuilles les anthocyanes, vis-à-vis du soleil, faciliterait la libération de certains des éléments nutritifs vers le tronc et les racines, pour le plus grand bien de l'arbre.

Certaines plantes à feuilles persistantes restent vertes toute l'année. La plupart d'entre elles ont des feuilles dont la composition les empêche de geler. La photosynthèse se poursuit ainsi même par temps froid. Chez ces végétaux, l'inéluctable chute des feuilles est sans relation avec la saison.

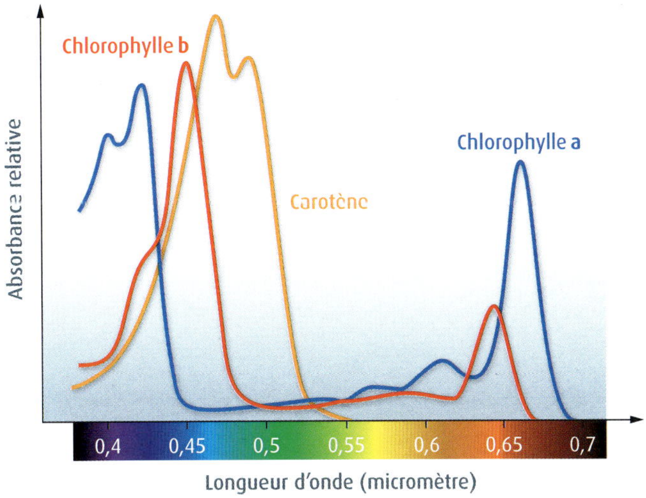

2 Spectres d'absorption des chlorophylles *a* et *b*, et du carotène. Ces spectres, qui expliquent la couleur des végétaux, traduisent l'efficacité avec laquelle ces substances absorbent la lumière en fonction de la longueur d'onde. La chlorophylle *a* absorbe peu la lumière dans le domaine du vert et du bleu, et la chlorophylle *b* dans le vert. Le carotène n'absorbe pas la lumière au-delà de 0,55 micromètre, c'est-à-dire dans le jaune, l'orangé et le rouge.

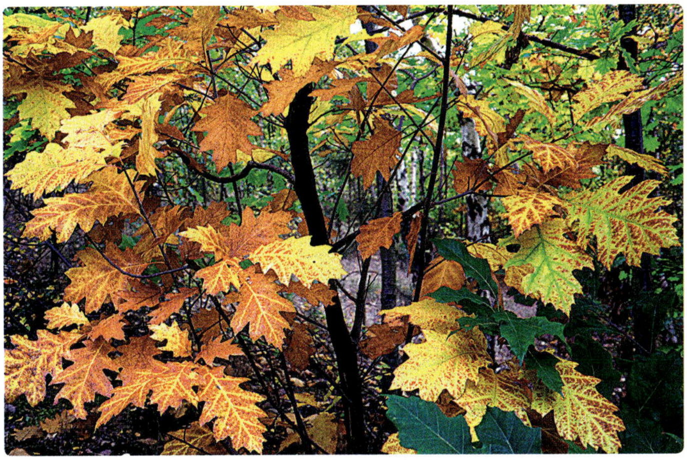

3 Les diverses teintes que prennent les arbres à l'automne sont dues aux pigments du type caroténoïdes (jaune et orangé) et anthocyanes (rouge).

26 Les autres pigments végétaux

Des légumes de saison aux bouquets de fleurs

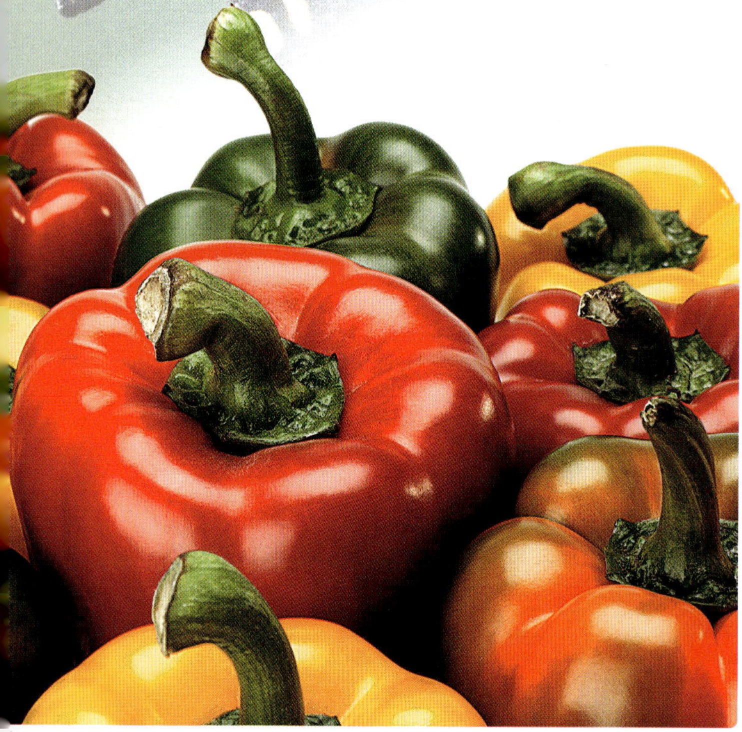

1 Le poivron prend des couleurs très variées selon la nature des pigments.

Si l'on vous demande quelle est la couleur du poivron, vous répondrez spontanément vert ou rouge. Oui, mais pas seulement : il existe également des poivrons de couleur jaune, orangé (Figure 1), mais aussi violet, marron, lilas... Il est rare qu'un légume puisse adopter autant de couleurs différentes. Quels sont les pigments responsables de cette débauche de teintes ? Le poivron est vert lorsque les *chlorophylles* sont dominantes. En absence de chlorophylle, il est rouge s'il contient principalement du *lycopène* (également responsable de la couleur rouge des tomates). Il est jaune s'il ne contient ni chlorophylle, ni lycopène, mais des *composés flavoniques* (du latin *flavus*, « jaune »). Les autres teintes proviennent de mélanges de pigments en diverses proportions : un nouvel exemple de synthèse soustractive des couleurs (voir p. 16).

De façon générale, le monde végétal est peint à l'aide de trois grandes familles de pigments. Les *caroténoïdes*, d'abord, que l'on trouve dans les feuilles (voir page précédente) et... dans les potagers, car l'un de leurs notables représentants, le *carotène*, est responsable de la couleur orange de la carotte. Les *flavonoïdes*, ensuite, constituent également une classe importante de pigments. Ils expliquent la couleur de nombreux fruits et fleurs. À côté des composés flavoniques évoqués ci-dessus qui confèrent des couleurs jaune ou crème, les *flavonoïdes* contiennent une sous-classe, les *anthocyanes*, dont les couleurs (rouge, rose, bleue, violette et pourpre) dépendent de la structure chimique. Elles sont en outre altérées par la complexation de métaux ou un changement de l'acidité du milieu. Par exemple, la cyanidine est bleue en milieu basique, violette en milieu neutre, et rouge en milieu acide. Ainsi, la couleur bleue du bleuet et la couleur rouge du coquelicot sont dues à ce même pigment ! Les anthocyanes sont également responsables des couleurs des fruits rouges (Figure 2).

Enfin, les *mélanines*, déjà mentionnées à propos de la couleur des animaux (voir p. 50), peignent le règne végétal avec des teintes allant du brun au noir. Bien sûr, il n'existe pas de fleur réellement noire. La raison en est simple : l'absorption de la lumière solaire serait alors excessive et ferait « griller » les pétales. Des fleurs presque noires – d'un rouge très foncé en fait – ont été créées, mais leur longévité n'a pas dépassé quelques heures. Signalons au passage que les antagonistes de ces végétaux, les fleurs blanches, ne sont jamais parfaitement blanches. Elles présentent des nuances crème, car elles contiennent toujours des traces de flavones ou de chlorophylles, ainsi que des copigments (des molécules voisines des pigments qui en altèrent les couleurs) absorbant dans l'ultraviolet et partiellement dans le violet.

Outre ces trois familles principales (caroténoïdes, flavonoïdes, et mélanines), on pourrait citer bien d'autres pigments végétaux : les quinones, les bétacyanines, les bétaxanthines, les indigoïdes... Ainsi les couleurs des fleurs sont-elles d'une extraordinaire diversité de teintes (Figure 3)... et en aucun cas purement décoratives. Car les pigments remplissent une fonction pour chaque plante. Les flavonoïdes par exemple sont impliqués dans le métabolisme et plus précisément dans les processus d'oxydation. Leur influence sur la germination, la croissance et la respiration a été démontrée. Par ailleurs, les flavonoïdes protègent la plante contre des agressions de la lumière solaire, car en tant qu'antioxydants puissants, ils piègent les radicaux libres. Par exemple, les roses de Colombie se protègent de l'intense rayonnement ultraviolet, qui frappe à 2000 mètres d'altitude, à l'aide de flavonoïdes.

Les couleurs des fleurs, mais aussi surtout leur parfum, jouent également un rôle dans l'attraction des insectes en vue de la pollinisation. Rappelons que les insectes n'ont pas la même vision des couleurs que nous. Ainsi l'abeille est-elle attirée par le coquelicot, non parce qu'il est rouge – car l'abeille ne voit pas dans le rouge – mais parce qu'il renvoie les rayons UV auxquels les yeux des abeilles sont sensibles. Dans certains cas au contraire, les couleurs végétales sont destinées à faire fuir les prédateurs.

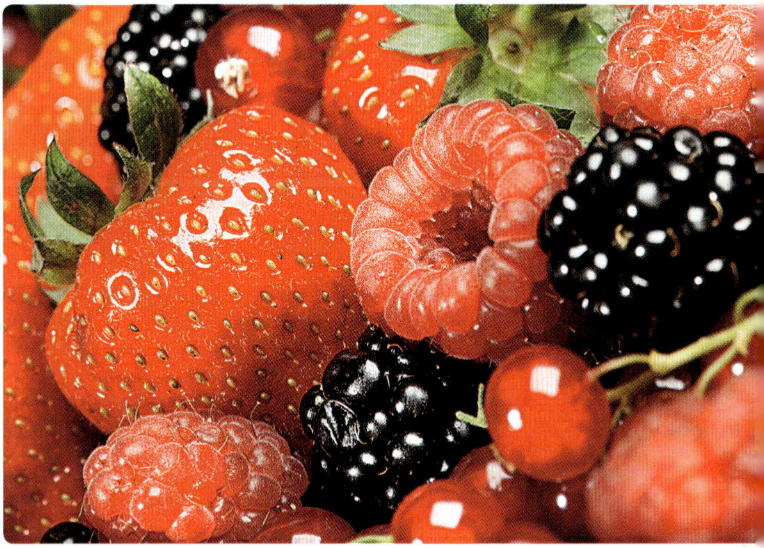

2 Les fruits rouges doivent leurs couleurs aux anthocyanes.

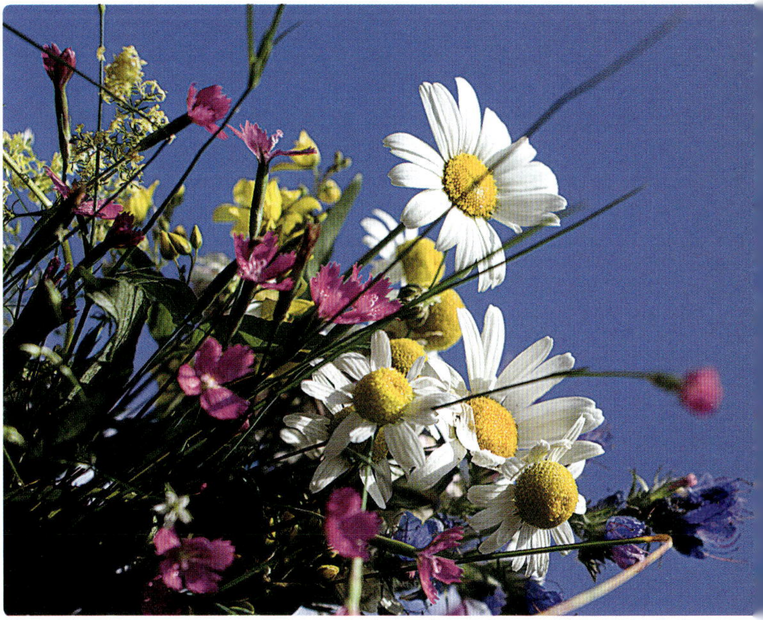

3 La diversité des couleurs des fleurs résulte de la présence d'une grande variété de pigments, et tout particulièrement ceux de la famille des flavonoïdes.

27 Pierres précieuses et pierres fines

De belles couleurs dues à des impuretés ou des défauts !

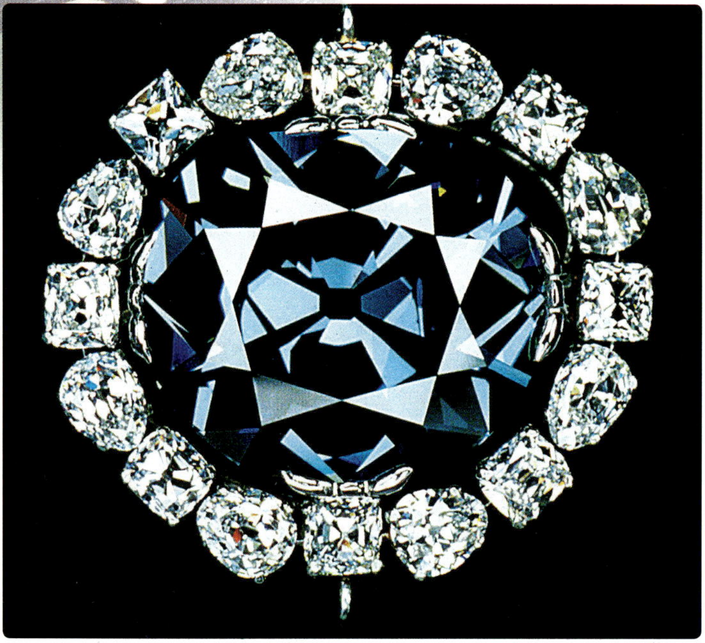

1 Le « Diamant de Hope », exposé à la Smithsonian Institution de Washington, n'est autre que le mythique diamant bleu de Louis XIV qui a été retaillé. Sa couleur bleue résulte de la présence d'atomes de bore, alors que les diamants purs (sur le pourtour) sont incolores.

En 2008, François Farges, un chercheur du Muséum national d'histoire naturelle, a retrouvé la trace du magnifique diamant bleu de Louis XIV, après une minutieuse enquête historique et minéralogique : cette merveille, volée en 1792, trône en fait à la Smithsonian Institution de Washington, sous le nom de « Diamant de Hope » (Figure 1) ! Ce dernier résulterait d'une retaille clandestine du diamant royal, qui l'aurait fait passer de 69 à 45,5 carats. Mais d'où vient le bleu des diamants ? Chacun sait que le diamant pur, constitué exclusivement d'atomes de carbone selon un arrangement tétraédrique, est incolore. Le bleu est dû à la présence d'atomes étrangers : des atomes de bore isolés. Ainsi, un diamant est-il bleu parce qu'il est impur !

Un diamant comportant des atomes d'azote isolés est, lui, jaune : d'une façon générale, la présence d'impuretés confère aux pierres précieuses et fines des couleurs très variées (Figure 2). Un cas très courant est la présence d'ions métalliques qui absorbent la lumière dans le domaine visible. Il s'agit principalement des *métaux de transition* : vanadium, titane, chrome, manganèse, fer, cobalt, nickel et cuivre. La couleur d'une gemme dépend alors non seulement des caractéristiques de l'ion qu'il contient (sa nature chimique et sa charge électrique), mais aussi de son environnement microscopique, c'est-à-dire de la nature et du nombre d'atomes voisins qui lui sont liés (sa *coordinence*). C'est pourquoi un même ion peut produire des couleurs différentes : les ions chrome Cr^{3+} sont à l'origine du vert de l'émeraude, mais aussi du rouge des rubis et des grenats. Signalons que les pierres ne doivent pas toutes leur teinte à des atomes de métal. Par exemple, le lapis-lazuli tire son bleu outremer d'ions trisulfure, non métalliques (voir p. 96).

Les défauts physiques d'un cristal sont également responsables de diverses colorations, et portent, de ce fait, le nom de *centres colorés* ou *centres F* (du mot allemand *Farbe*, « couleur »). Il s'agit d'anomalies de l'arrangement cristallin consistant en des lacunes (atomes ou électrons manquants) ou en des atomes supplémentaires (dans les interstices du cristal). Par exemple, la transparence brunâtre du quartz fumé s'explique de la façon suivante : comme toute variété de quartz, il est constitué de silice SiO_2, mais dans ce cas particulier une faible proportion d'ions silicium (Si^{4+}) ont été remplacés par des ions aluminium (Al^{3+}), d'où un électron manquant à chaque site de substitution. L'irradiation naturelle sur de longues périodes a arraché un électron d'un atome d'oxygène voisin d'un ion aluminium. Cet électron joue le rôle de pseudo-atome capable d'absorber des photons dans l'UV et dans une partie du spectre visible, d'où la teinte fumée. Un chauffage provoque un réarrangement électronique et décolore le cristal.

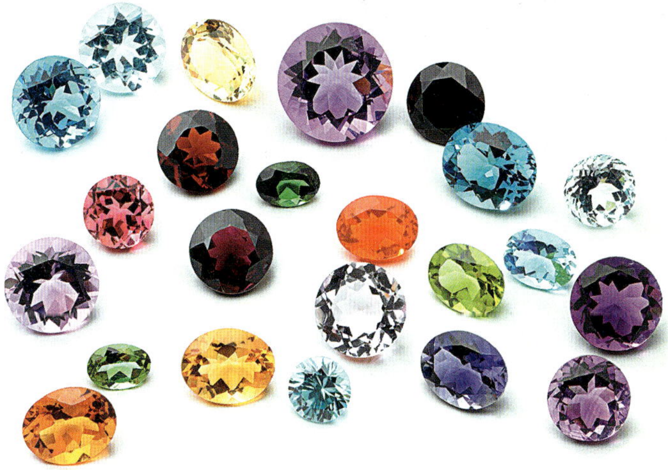

2 Les pierres précieuses et fines doivent leur couleur à la présence d'ions ou de défauts au sein d'une matrice cristalline.

De la même façon, la citrine (Figure 3), une variété de quartz qui doit sa couleur jaune à la présence d'ions ferriques (Fe^{3+}) remplaçant des ions silicium (Si^{4+}) s'éclaircit par chauffage, alors qu'elle devient brun-jaune par irradiation (par les rayons gamma par exemple). Si vous achetez une topaze, méfiance ! Contrôlez qu'il ne s'agit pas en fait d'une citrine, car une telle fraude est monnaie courante. La topaze brille davantage, car son indice de réfraction (1,62) est plus élevé que celui de la citrine (1,54). La topaze est en effet d'une nature très différente : c'est un fluosilicate d'aluminium pouvant contenir des traces de fer, de chrome, de magnésium ou de titane. Ses couleurs naturelles ou artificielles (résultant d'un traitement) sont variées : bleu, rose, magenta, jaune, vert, etc.

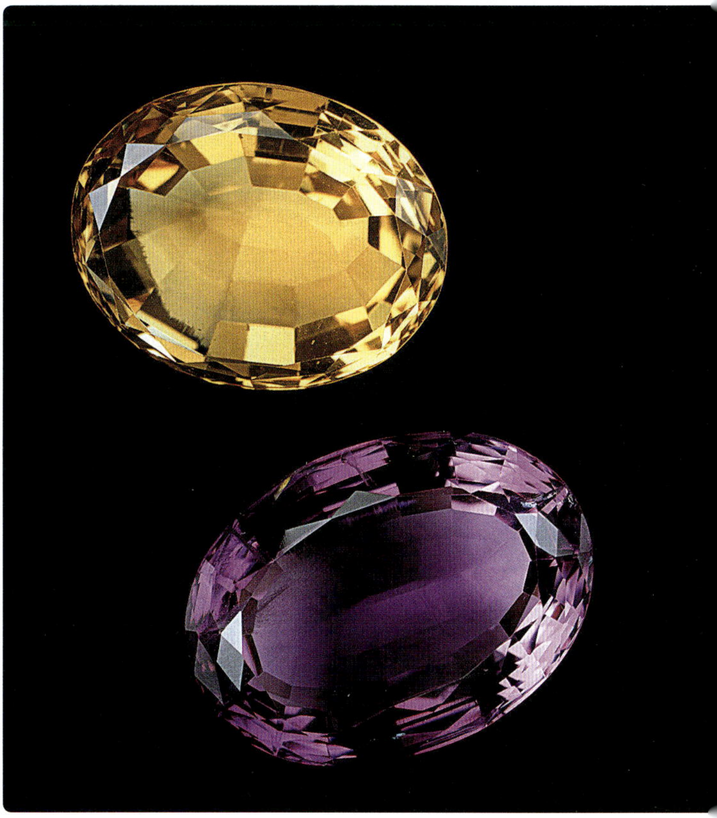

3 Améthyste et citrine sont deux variétés de quartz naturels, tout comme le cristal de roche. En chauffant l'améthyste vers 350 °C, la couleur violette disparaît et à 550 °C, la couleur devient jaune comme la citrine. Une grande partie des citrines du commerce sont en fait des améthystes chauffées. Ce traitement est reconnu et il ne s'agit pas d'une fraude.

Une autre cause de couleur des minéraux est un *transfert de charge* entre l'oxygène et un ion métallique, ou entre deux ions métalliques. Par exemple, la couleur bleue du saphir est due au transfert de charge entre les ions ferreux (Fe^{2+}) et titane (Ti^{4+}).

28 Les opales précieuses

Les couleurs les plus flamboyantes de la nature

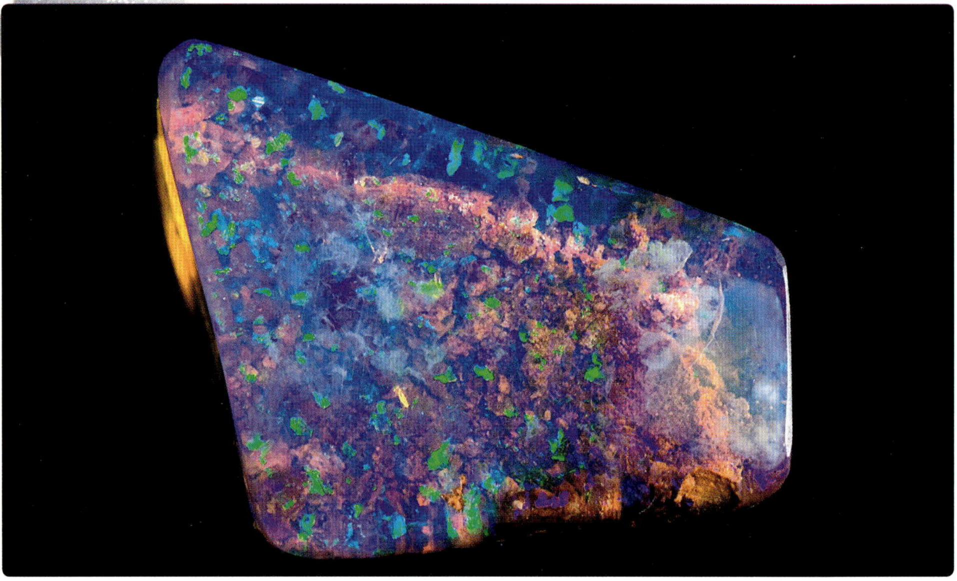

1 Opale noire. Les opales offrent de superbes couleurs iridescentes qui sont d'origine interférentielle. Le mot opale viendrait du sanscrit *upala* signifiant « pierre précieuse ».

Dans son *Histoire Naturelle du Monde*, Pline l'Ancien écrivait : « *L'opale est la pierre précieuse la plus prisée et la plus chère de toutes les pierres de l'Empire, car en elle se trouve le feu subtil de l'escarboucle ou du rubis, l'éclat purpurin de l'améthyste, le vert de mer de l'émeraude, et toutes ces teintes y brillent, merveilleusement fondues.* » Pline raconte également que le sénateur Nonius en possédait une de la taille d'une noix et que, sommé de la céder à Marc-Antoine qui voulait l'offrir à Cléopâtre comme preuve d'amour, il préféra l'exil à la perte de son trésor. Depuis les Romains jusqu'à nos jours, les opales n'ont cessé d'être considérées comme les plus belles pierres du monde. Les collections d'opales de la princesse Stéphanie de Belgique ou de la reine Victoria, souveraine du Royaume-Uni et notamment d'Australie où la pierre est extraite, figurent parmi les plus célèbres.

Quel est donc le secret des couleurs flamboyantes de ces pierres mythiques, plus rares que le diamant ? Comme le sable, les opales sont constituées de silice (qui est du dioxyde de silicium, SiO_2), mais il s'agit d'une forme très particulière de silice : elle est hydratée (elle contient de 1 à 21 % d'eau) et se présente sous forme de sphères (d'environ 0,15 à 0,30 micromètre de diamètre). De taille identique, ces sphères s'organisent de façon périodique dans les trois dimensions de l'espace (Figure 2) et forment ainsi un réseau capable de diffracter la lumière et de produire des couleurs iridescentes par interférences. Il s'agit donc de couleurs d'origine physique. Toutefois, dans certaines opales, la présence d'oxydes de fer confère aux pierres une couleur supplémentaire allant du jaune au brun, ou même à l'orange.

Comment les opales se forment-elles ? Elles résultent de la solidification de certains minéraux siliceux des roches ou constituent parfois le squelette silicifié d'animaux ou de végétaux. L'Australie est le plus important pourvoyeur d'opales : le pays concentre à lui seul 80 % de la production mondiale. Les opales noires (Figure 1), qui figurent parmi les plus belles, proviennent presque exclusivement des environs de la ville de Lightning Ridge. Elles tirent en partie leur superbe d'un fond noir, dû à des inclusions de graphite, qui rehaussent leurs couleurs.

L'opale matrix est exhumée, elle, de mines de la région d'Andamooka, en Australie méridionale. Moins prisée, car plus commune, elle est en outre poreuse. Cette propriété a cependant un avantage : elle permet de déposer du carbone dans les pores pour rendre les pierres semblables aux opales noires. Si vous avez un jour entre les mains une pierre noire aux reflets chatoyants, ne vous laissez pas tromper ! Le procédé d'inclusion consiste en un traitement à chaud avec du sucre et de l'acide sulfurique.

Il existe bien d'autres types d'opales précieuses. Citons par exemple les opales de feu qui sont d'un jaune, orange ou rouge flamboyant (Figure 3) ; les opales cristal, au fond incolore et translucide, sources de jeux de lumières bleues ou vertes, et même parfois multicolores ; les opales laiteuses dont le fond est blanc ou clair, mais arborant des couleurs variées ; les opales arlequines présentant toutes les couleurs sous forme d'un damier, d'où leur nom. Tous ces types d'opales précieuses se distinguent facilement des opales communes, beaucoup plus répandues, qui sont opaques, d'aspect laiteux et sans irisation. L'absence de couleurs interférentielles s'y explique par l'arrangement irrégulier des sphères de silice.

Concluons en donnant une astuce pour qui veut distinguer une opale naturelle d'une opale artificielle. Prenez une loupe avec un grossissement de 10. Si l'opale est artificielle, vous verrez que les couleurs résident en surface et se présentent sous forme de petites mosaïques bien séparées les unes des autres. Au contraire, les couleurs des opales naturelles se prolongent dans l'épaisseur de la pierre et sont davantage variées, avec une répartition plus irrégulière. Les opales artificielles sont créées avec des matériaux transparents formés de l'association de microbulles ou de paillettes. Comme leurs homologues naturelles, elles doivent leurs couleurs à la diffraction de la lumière et aux interférences.

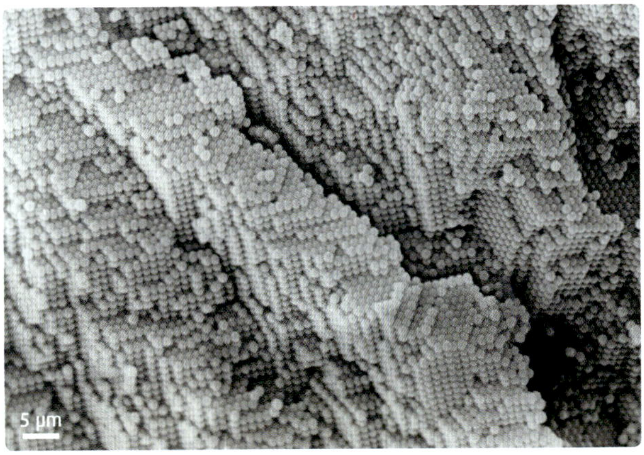

2 Cliché de microscopie électronique d'une opale précieuse synthétique révélant un arrangement régulier à trois dimensions de microsphères de silice.

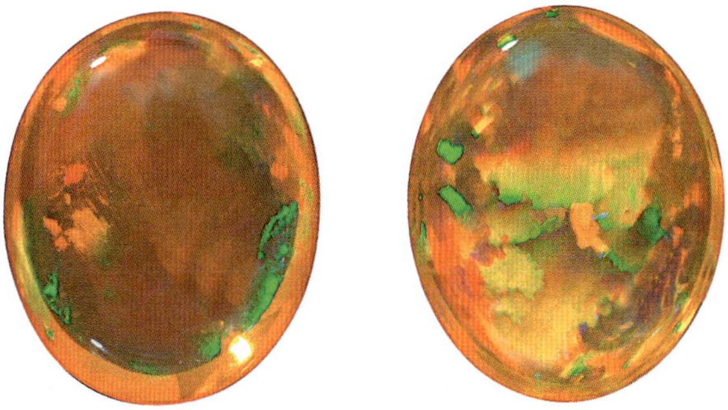

3 Opale de feu provenant du Mexique.

29 Les ocres et autres terres colorées

Les pigments issus de la Terre

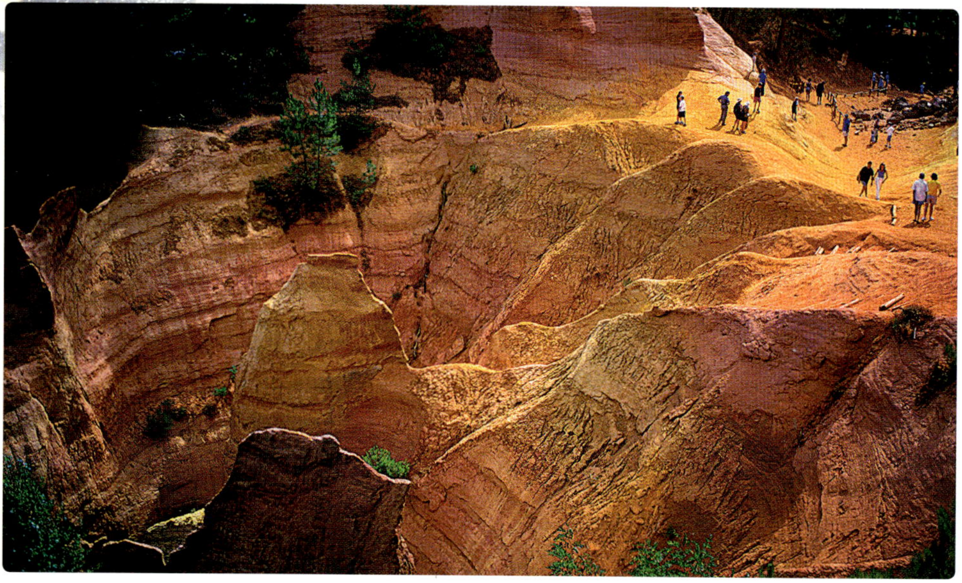

1 Ancienne carrière d'ocres à Roussillon, en Provence.

À Roussillon, dans le Vaucluse, les bâtiments restaurés de l'ancienne usine Mathieu, qui produisait des pigments à base d'ocres (du grec *ochra*, « sorte de terre jaune »), abritent le Conservatoire des ocres et pigments appliqués. C'est un haut lieu de la mémoire des ocres. Ces terres, dont la large palette se décline du jaune au rouge, faisant même une excursion par le violet, ont figuré parmi les tout premiers pigments employés par les artistes de l'ère paléolithique (voir p. 92). Malgré l'apparition de très nombreux pigments synthétiques depuis, elles conservent aujourd'hui tout leur attrait : l'industrie des peintures et des revêtements y fait largement appel, et certains matériaux de construction en contiennent comme charges minérales conférant certaines propriétés optiques, mécaniques et rhéologiques. Preuve de la bonne santé de l'industrie des ocres, elles représentent actuellement 20 % de la consommation mondiale en oxydes de fer. Les carrières d'ocres de Roussillon (Figure 1), dont l'exploitation débuta en 1785, restent aujourd'hui l'une des principales sources françaises.

Les deux variétés d'ocres qui prédominent sont la *goethite*, qui est jaune, et l'*hématite*, de couleur rouge. La goethite – nom choisi pour honorer l'écrivain Goethe, qui était passionné de minéralogie – est de l'oxyde de fer hydraté (plus précisément, c'est de l'oxyhydroxyde de fer, FeOOH). L'hématite (du grec *hema*, « le sang ») est de l'oxyde ferrique (Fe_2O_3). En chauffant la goethite, on obtient de l'hématite artificielle, ce que savaient déjà faire les artistes de l'époque préhistorique. Cela provoque en effet une déshydratation selon la réaction : $2\ FeOOH \rightarrow Fe_2O_3 + H_2O$. Les couleurs obtenues dépendent de la température de cuisson : orange pour 300 °C, rouge pour 950 °C.

La goethite et l'hématite doivent leur couleur à la présence d'ions ferriques Fe^{3+} parmi leurs atomes. La différence de couleur entre les deux ocres s'explique par l'environnement chimique des ions qui confère un spectre d'absorption (l'efficacité d'absorption de la lumière en fonction de la longueur d'onde) spécifique à chaque espèce (Figure 2).

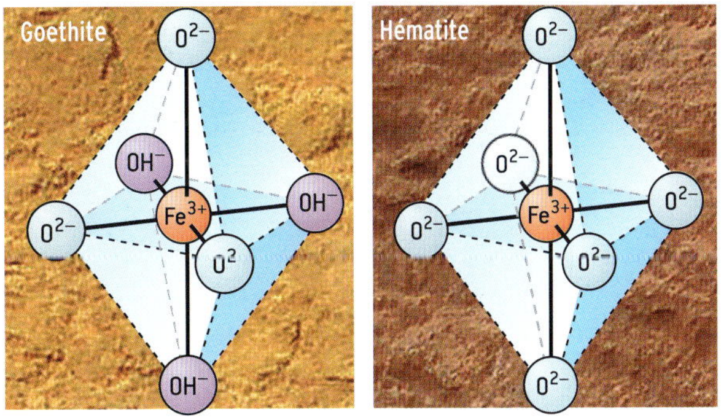

2 La goethite et l'hématite n'ont pas la même couleur car l'environnement de l'ion ferrique central est différent : il est au centre d'un octaèdre dont les sommets sont occupés par six ions oxygène O^{2-} dans le cas de l'hématite, mais par trois ions oxygène O^{2-} et trois ions hydroxyle OH^- pour la goethite.

Pour éclaircir les teintes originelles de la goethite et de l'hématite, les industriels mêlent aux ocres des charges minérales blanches telles que la kaolinite, le quartz, l'illite et la calcite. Au contraire, on assombrit la goethite en ajoutant de l'oxyde de manganèse, dont la couleur est noire. La terre prend alors une teinte brune et porte le nom de *Terre de Sienne* et *Terre d'ombre*, deux ocres que les peintres emploient également. En Toscane, les maisons sont fréquemment recouvertes d'un enduit à base de Terre de Sienne (Figure 3a). Pour obtenir un brun plus sombre, on procède à une calcination, d'où l'appellation *Terre d'ombre brûlée* (Figure 3b). Lorsque l'oxyde de manganèse prédomine, il s'agit de terres noires.

Les *terres vertes*, un autre type de pigment minéral différent des ocres, doivent également leur couleur au fer, qui s'y présente majoritairement sous forme d'ions ferreux (Fe^{2+}). Il s'agit de roches riches en argiles vertes : *glauconies*, *céladonite* ou *chlorite*. Les terres vertes à base de glauconies se trouvent dans les sédiments des mers froides. En France, elles sont très abondantes à Villers-sur-Mer, dans le Calvados. Le vert pâle de ces terres tire sur le jaune. Les artistes leur préfèrent généralement le vert-bleu de la céladonite, qui a toutefois l'inconvient d'être rare. La céladonite qui provient de la zone de Prun, près de Vérone, appelée *vert de Vérone* (Figure 3c), est très appréciée pour ses propriétés de semi-transparence. Du temps des Romains, il existait également un gisement près de Nice et à Chypre. Qu'il s'agisse des glauconies et de la céladonite, le gros des terres vertes provient de nos jours de Chypre et d'Ukraine.

Il est remarquable qu'un seul élément comme le fer puisse donner une telle variété de couleurs, en fonction de son degré d'oxydation et de l'environnement chimique des ions ferriques ou ferreux.

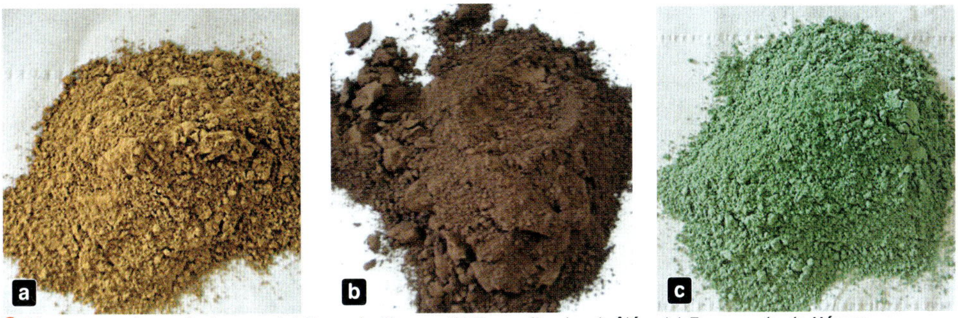

3 Diverses couleurs de terres : (a) Terre de Sienne ; (b) Terre d'ombre brûlée ; (c) Terre verte de Vérone.

30 Les couleurs du ciel

Diffusion à grand spectacle

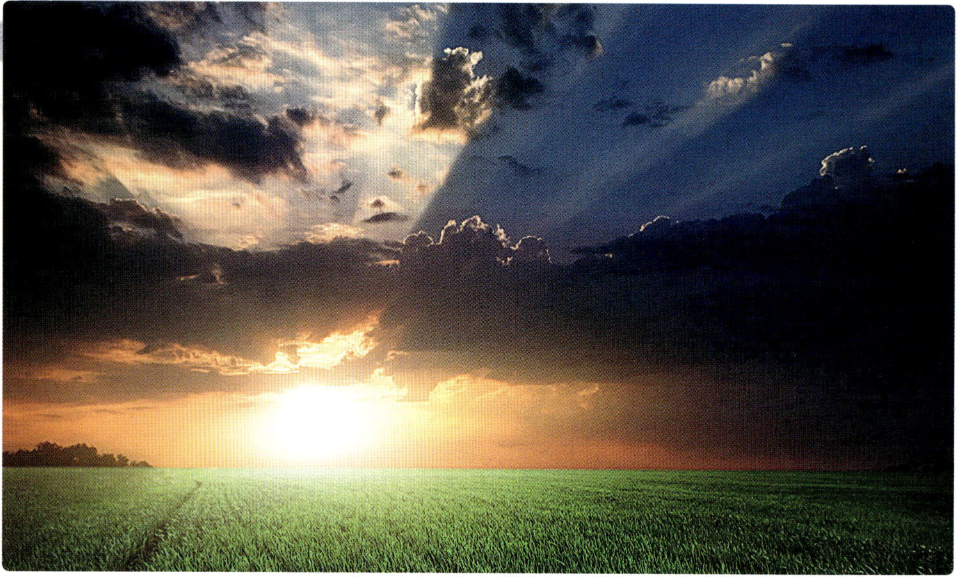

1 Au coucher du Soleil, le ciel peut prendre des teintes d'une grande diversité.

« Dis Papa, pourquoi le ciel est bleu ? » Cette question est loin d'être triviale, puisqu'il a fallu attendre 1871 pour que la réponse exacte soit apportée. Auparavant, Léonard de Vinci invoquait le mélange de la couleur blanche des rayons du Soleil et de la couleur noire de l'espace interstellaire. L'abbé Mariotte, un physicien et botaniste français du XVIIe siècle, pensait que les rayons bleus étaient plus efficacement réfléchis par les particules en suspension dans l'air. Newton, lui, imaginait l'existence dans l'atmosphère de très petites gouttelettes d'eau capables, comme les lames minces, d'engendrer des couleurs, dont le bleu. C'est finalement Lord Rayleigh qui en donna la véritable explication en 1871.

Rappelons tout d'abord que l'atmosphère terrestre est principalement constituée de molécules de dioxygène (21 %) et de diazote (78 %) avec une faible proportion de dioxyde de carbone (gaz carbonique) et d'eau. Selon le lieu, l'atmosphère contient également des quantités variables de particules de diverses natures (poussières, cendres, pollens, etc.). La lumière du Soleil est diffusée par ces molécules et ces particules, c'est-à-dire qu'elle est renvoyée dans toutes les directions. Or, comme l'a montré Lord Rayleigh, plus la longueur d'onde est courte, plus la diffusion de la lumière est importante. Pour cette raison, les radiations correspondant à la partie violette et bleue du spectre solaire sont diffusées par l'atmosphère plus efficacement que la partie orange et rouge. Le ciel devrait apparaître bleu et violet d'après cette loi. En fait, si le ciel est bleu, c'est parce que d'une part la lumière solaire est moins intense dans le violet que dans le bleu, et que d'autre part la sensibilité de notre œil privilégie le bleu.

2 Les couleurs rouge, blanche (ou grise) et bleue du ciel ont pour origine la diffusion de la lumière dans des conditions différentes.

La diffusion est également à l'origine des autres teintes dont se pare le ciel. En pleine journée, il devient blanc, voire gris, lorsque l'atmosphère se charge de gouttelettes d'eau (Figure 2). Un mécanisme de diffusion différent du précédent, la diffusion de Mie, est responsable de ce voile. Il se produit quand la taille des gouttelettes d'eau est supérieure à la longueur d'onde de la lumière. La blancheur des nuages est aussi due à ce phénomène.

C'est en revanche bien la diffusion normale de la lumière qui colore le ciel en pourpre, au soleil couchant. Dans la journée, la lumière qui nous parvient du Soleil est blanche (en fait légèrement jaune, car la traversée de l'atmosphère s'accompagne d'un filtrage partiel des radiations de courtes longueurs d'onde). Au coucher de Soleil, les radiations qui nous atteignent traversent une part plus importante de l'atmosphère : la proportion des radiations de courtes longueurs d'onde est plus fortement réduite (Figure 3), d'où la prédominance de couleurs orangé et rouge. Parfois, les teintes sont d'une extraordinaire diversité en raison de la présence de nuages : jaune, orangé, rose, rouge, pourpre (Figure 1).

Le coucher du Soleil est très rarement le théâtre d'un curieux phénomène atmosphérique, le *rayon vert* : de façon tout à fait exceptionnelle, une tache vert émeraude apparaît pendant un court instant, juste avant que l'astre ne disparaisse sous l'horizon. L'atmosphère joue alors le rôle d'un prisme provoquant la dispersion de la lumière (ses composantes sont déviées selon un angle qui dépend de leur longueur d'onde). Les rayons rouges étant moins déviés que les autres, on voit l'image rouge du Soleil légèrement moins haute dans le ciel. Lorsqu'elle disparaît en premier sous l'horizon, il ne reste quasiment que la partie verte du spectre solaire, car l'orangé et le jaune sont absorbés par la vapeur d'eau (on n'observe pas les images violettes et bleues, car la lumière à ces longueurs d'onde est, comme nous l'avons dit, extrêmement diffusée). Ce rayon vert est très fugace : il apparaît au maximum durant quelques secondes aux latitudes élevées.

L'existence de différentes couleurs dans le ciel (bleu, blanc, rouge, etc. pour la Terre) est propre à une planète avec atmosphère. Les astronautes des missions *Apollo* n'avaient, sur la Lune, que le noir de l'espace comme plafond.

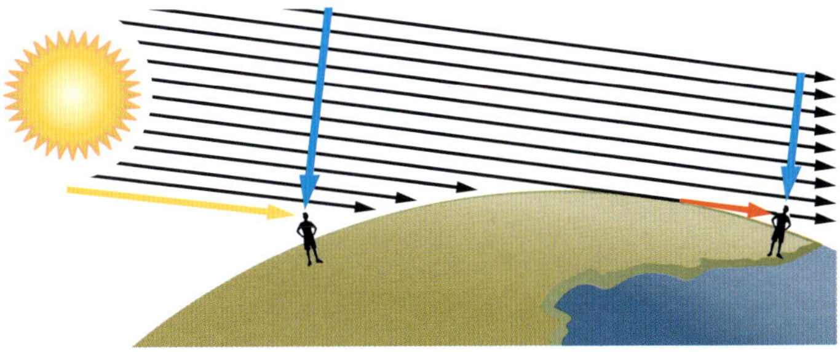

3 Origine des couleurs bleue et rouge du ciel.

31 Les couleurs de la mer

Du Grand Bleu au jaune des lagons

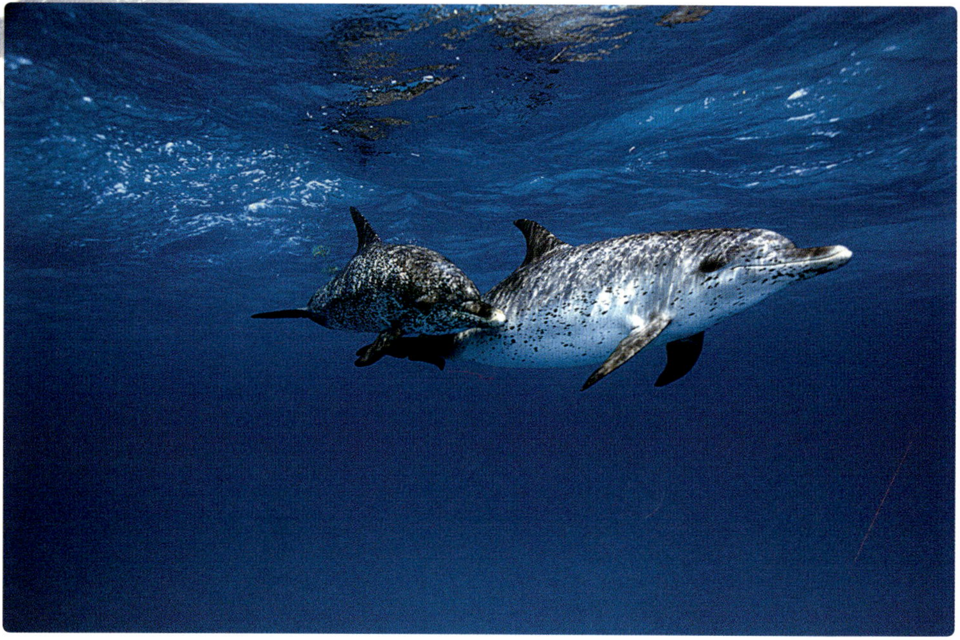

1 Photographie sous-marine de dauphins.

Sorti en 1988, *Le Grand Bleu* du cinéaste Éric Besson, qui mettait en scène deux apnéistes rivaux depuis leur enfance, rencontra un immense succès. Le film révélait le spectacle grandiose du bleu de la mer vu de la perspective des plongeurs (Figure 1). Pourquoi l'intimité de l'océan est-elle bleue ? La raison principale est l'absorption faible par l'eau, mais non négligeable, de la partie rouge de la lumière blanche, absorption qui devient importante sous de grandes épaisseurs de liquide.

Voyons plus précisément pourquoi. Les molécules d'eau à l'état liquide sont liées entre elles par des liaisons hydrogène. Ces liaisons modifient le spectre d'absorption des molécules d'eau : bien que les longueurs d'onde des radiations absorbées par les molécules d'eau elles-mêmes se situent principalement dans l'infrarouge, l'absorption globale par l'eau n'est pas complètement nulle au-dessous de 700 nm, c'est-à-dire dans la partie visible du spectre (Figure 2). La faiblesse de l'absorption explique qu'il faille une épaisseur importante d'eau pour que la coloration bleue soit visible pour l'œil : un verre d'eau apparaît incolore, tandis que la mer commencera à apparaître bleutée à un plongeur à partir de trois mètres de profondeur.

De façon plus quantitative, lorsque l'eau de mer est claire (c'est-à-dire quand elle contient peu de particules en suspension), environ 40 % de la lumière solaire est transmise à un mètre de profondeur. Au-delà de 20 mètres, le rouge n'est plus transmis, mais le bleu-vert parvient, lui, à se frayer un chemin jusqu'à 100 m de profondeur. Cette situation est modifiée en eau turbide, où la couleur bleue est renforcée par la diffusion de la lumière par les molécules d'eau qui est d'autant plus efficace que la longueur d'onde est courte. Des particules en suspension et des micro-organismes comme le plancton contribuent souvent à cette diffusion.

Examinons maintenant les couleurs des mers et des océans vus de l'extérieur. Il faut tout d'abord remarquer que la couleur du ciel a une influence notable. En regardant au loin, c'est la réflexion du ciel sur l'eau qui joue essentiellement sur la couleur perçue : si le ciel est gris, la mer paraît d'un gris foncé tirant sur un bleu sombre, et si le ciel est bleu, la mer est d'un beau bleu. En outre, la lumière diffusée par les molécules d'eau et les particules en suspension, évoquée précédemment, apporte une contribution importante à la couleur bleue, car une partie de cette lumière est renvoyée à l'extérieur. Ainsi, la prédominance de la couleur bleue, surtout par beau temps, a conduit au nom de la Côte d'Azur et à l'expression « la Grande Bleue » pour désigner la mer Méditerranée.

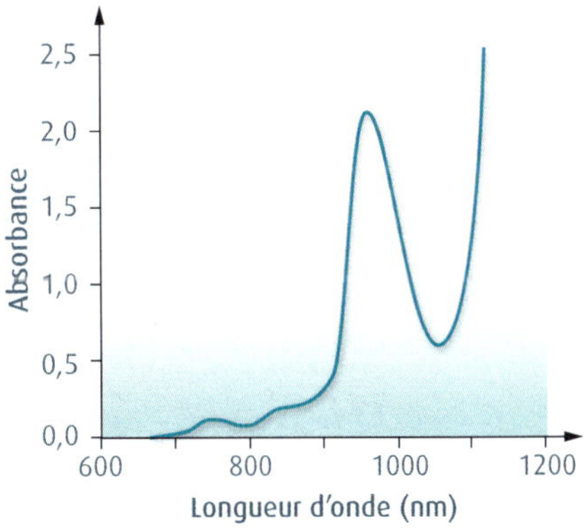

2 Spectre d'absorption de l'eau mesuré avec une cuve de 10 cm d'épaisseur. Pour fixer les idées, lorsque l'absorbance est de 1, le milieu absorbe 90 % de la lumière incidente, contre 10 % pour une absorbance de 0,1.

La mer peut prendre d'autres couleurs que le bleu, surtout au voisinage des côtes (Figure 3). Lorsque le bleu de la mer se mélange au jaune du sable, la couleur tire sur le vert. Les particules en suspension comme les argiles et les végétaux microscopiques (les algues) agissent comme des filtres colorés. Ainsi peut-on observer non seulement des teintes vertes, mais aussi jaune-vert, et même parfois jaunes ou rougeâtres dans certains lagons ou lacs de montagne.

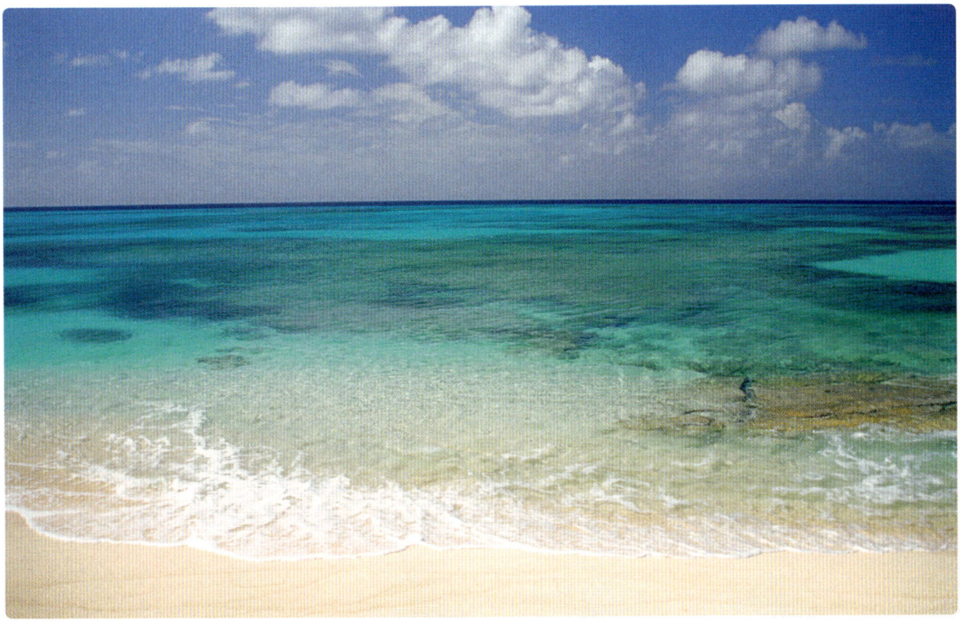

3 La mer des Caraïbes et ses dégradés de bleu.

32 L'arc-en-ciel

La pluie joue les prismes lumineux

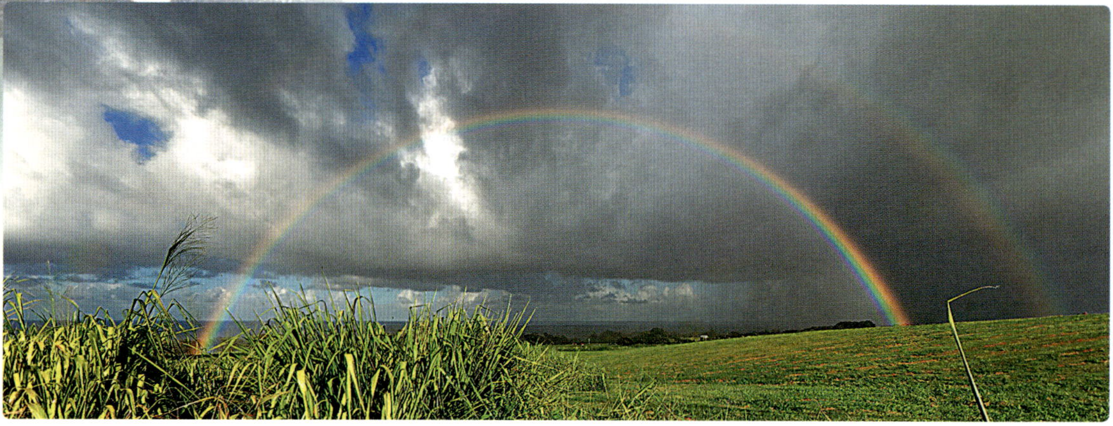

1 Un arc-en-ciel est souvent consitué de deux arcs, avec une zone intermédiaire plus sombre.

Avant que son origine ne fût comprise au XVIIe siècle, l'arc-en-ciel reçut les interprétations les plus diverses : il fut au choix le signe d'une alliance entre Dieu et Noé après le déluge (Genèse), l'écharpe d'Iris (mythologie grecque), un serpent géant apportant le malheur aux maisons situées à son extrémité (mythologie africaine), un pont de lumière vers le monde surnaturel, etc. Ce sont les travaux de Descartes et surtout ceux de Newton qui levèrent le voile sur ce phénomène surprenant.

Comme chacun sait, un arc-en-ciel se forme par temps pluvieux et il faut tourner le dos au Soleil pour le voir. En plus de l'arc principal, il est souvent possible de distinguer un second arc d'intensité plus faible. Ces deux arcs sont appelés arcs primaires et secondaires. La couleur rouge est à l'extérieur du premier, alors qu'elle est à l'intérieur du second (Figure 1). La région entre les deux arcs, moins claire que le reste du ciel, porte le nom de zone d'ombre d'Alexandre, car c'est Alexandre d'Aphrodise qui la décrivit en premier vers 200 avant notre ère.

Pour comprendre comment un arc-en-ciel se forme, réalisons l'expérience décrite sur la figure 2. Un faisceau parallèle de lumière blanche (lumière solaire ou issue d'une lampe puissante et d'une lentille) y passe par une ouverture circulaire percée dans un écran, pénètre dans un petit ballon en verre rempli d'eau, et en ressort en faisant apparaître sur l'écran un arc-en-ciel circulaire. En fait, le faisceau de lumière qui pénètre dans la sphère d'eau subit une déviation par réfraction, puis une réflexion interne, et à nouveau une déviation par réfraction en ressortant. L'angle de déviation d'un rayon lumineux lors de la réfraction dépendant de la longueur d'onde de la lumière (phénomène de dispersion de la lumière), les rayons rouges sont moins réfractés que les rayons violets. C'est pourquoi le rouge est à l'extérieur de l'arc circulaire et le violet à l'intérieur. Les angles de déviation correspondants sont respectivement 42,2° et 40,2°. Ils sont appelés *angles critiques* parce qu'en traçant tous les rayons qui pénètrent dans la sphère d'eau et en sortent, on s'aperçoit que l'angle que fait un rayon sortant avec la direction de la lumière incidente est au moins de 40,2° et au plus de 42,2°.

Dans l'atmosphère, chaque goutte d'eau de pluie se comporte de la même façon que cette sphère d'eau. La présence d'un arc secondaire résulte de deux réflexions au lieu d'une à l'intérieur des gouttes (Figure 3). Ainsi, les couleurs sont inversées par rapport à l'arc primaire. Pour l'arc secondaire, les angles critiques sont voisins de 51°. La zone d'Alexandre étant délimitée par deux angles critiques, elle ne reçoit strictement aucune lumière diffusée par les gouttelettes d'eau et apparaît donc plus sombre que le reste du ciel.

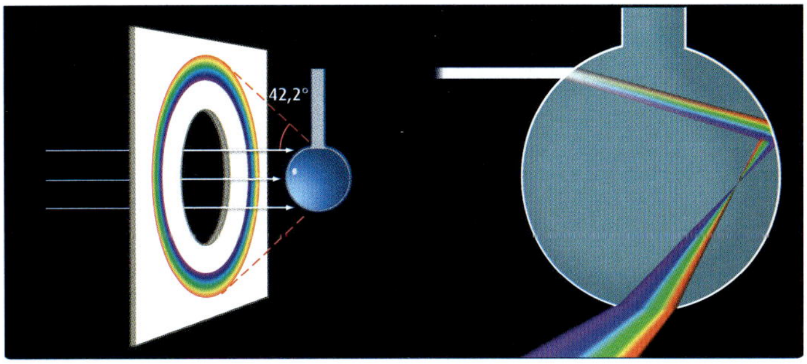

2 Une expérience simple pour créer un arc-en-ciel artificiel.

Combien de couleurs voyez-vous dans l'arc-en-ciel ? Sept (violet, indigo, bleu, vert, jaune, orangé, rouge), comme le prétendait Newton qui avait fait l'analogie avec les sept notes de la gamme (voir p. 110) ? Cinq comme Gassendi (pourpre, bleu, vert, jaune, rouge) ? En réalité, il est difficile de distinguer les couleurs dans l'arc-en-ciel, encore plus que dans la lumière dispersée par un prisme. Pour quelle raison ? Au voisinage de l'angle critique, il est possible de trouver deux rayons qui sortent parallèles d'une goutte, mais comme leurs trajets à l'intérieur de la goutte sont différents, ils peuvent interférer de façon destructive – d'où l'apparition de zones obscures – ou constructive, ce qui donne lieu à la formation d'arcs surnuméraires (situés à l'intérieur et au voisinage de l'arc primaire) qui ne sont autres que des franges d'interférence. « *La vie est comme un arc-en-ciel : il faut de la pluie et du Soleil pour en voir les couleurs* », dit un adage. À juste titre, la sagesse populaire s'est gardée de préciser le nombre de couleurs.

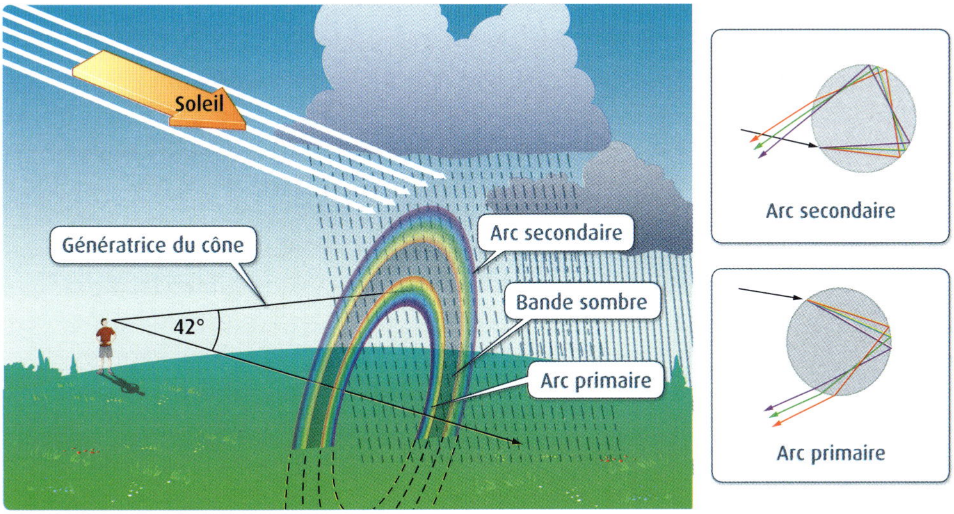

3 Arc primaire et arc secondaire : le rouge est à l'extérieur du premier (une réflexion interne) et à l'intérieur du second (deux réflexions internes). La zone intermédiaire est plus sombre.

33 Les aurores polaires

Des couleurs qui dansent

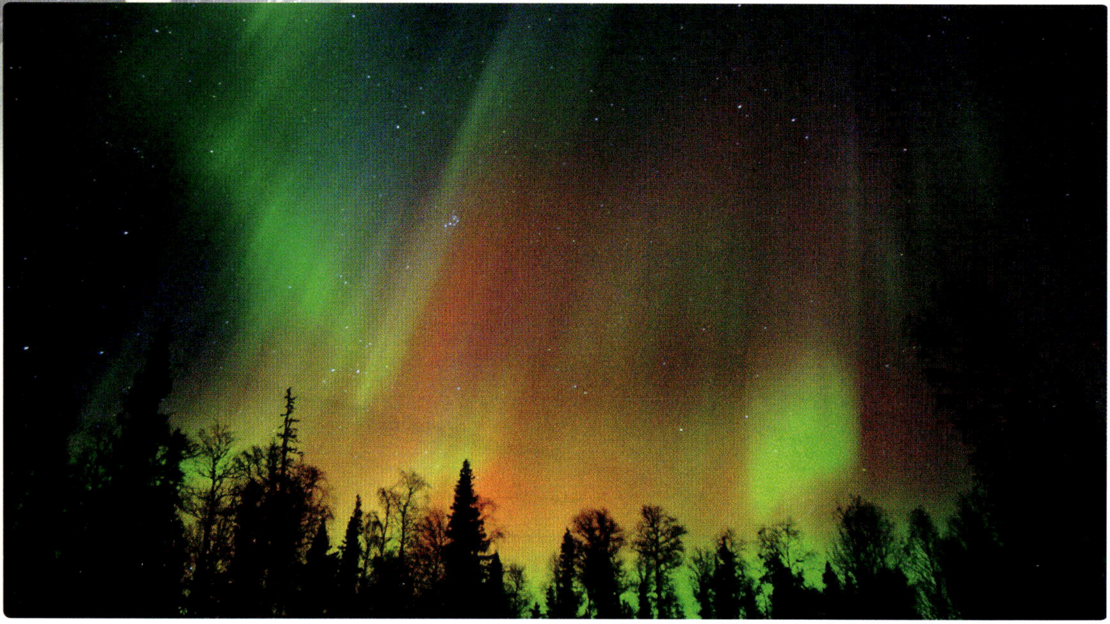

1 Aurore boréale au-dessus de la Laponie (Finlande).

Que sont ces lueurs ondulantes et flamboyantes observées dans le ciel polaire ? Il s'agit d'*aurores boréales* (hémisphère nord) et *australes* (hémisphère sud) rassemblées sous le terme d'*aurores polaires*. Elles ont lieu même la nuit et pourtant c'est le Soleil qui en est responsable ! Surprenant, n'est-ce pas ? Il a fallu attendre le début du XXe siècle pour que la cause du phénomène et l'origine des couleurs soient complètement élucidées.

Commençons par un peu d'histoire. À partir de la fin du XVIe siècle, les aurores polaires commencent à faire l'objet d'études méthodiques, en particulier par l'astronome Tycho Brahé. Mais c'est le physicien Dortous de Mairan qui émet pour la première fois l'hypothèse que l'aurore boréale est d'origine solaire dans son ouvrage *Traité physique et historique de l'aurore boréale*, publié en 1733. L'atmosphère solaire y est décrite comme « un fluide ou une matière rare et ténue » se prolongeant jusqu'à la haute atmosphère terrestre où « la matière solaire » s'y enflamme de façon spontanée ou par collision avec les particules composant l'air. En 1741, les physiciens suédois Hioter et Celsius observent l'agitation de l'aiguille d'une boussole lorsqu'apparaît une aurore boréale : ils mettent ainsi en évidence une fluctuation du champ magnétique, appelée *orage magnétique*. Au XIXe siècle, on remarque qu'il existe une relation entre la présence de taches solaires et l'intensité anormalement élevée des aurores polaires. Si le lien entre le Soleil et les aurores boréales ne fait à l'époque aucun doute, le phénomène n'est pas encore compris.

Et si l'on essayait de reproduire les aurores, se disent alors les scientifiques? La première tentative réellement convaincante est due au Norvégien Birkeland. En 1895, il place dans une enceinte sous vide une sphère magnétique recouverte d'un matériau fluorescent, qu'il soumet à un faisceau d'électrons. L'air résiduel de l'enceinte matérialise la trace du passage des électrons selon les lignes du champ magnétique. Birkeland postule alors l'existence d'un flux de particules émises par le Soleil, qui seraient guidées par le champ magnétique terrestre et qui interagiraient avec l'atmosphère. Le lien entre les aurores polaires et les orages magnétiques est ainsi confirmé. Reste à comprendre l'origine des diverses couleurs: ce n'est que 10 ans plus tard que la théorie atomique de Bohr en fournira l'explication.

Voyons maintenant plus précisément la nature d'une aurore polaire. Lors des éruptions solaires, des particules chargées (des protons et des électrons) sont projetées dans l'espace à la vitesse de 600 km/s et atteignent la Terre au bout de quelques dizaines d'heures. Ces particules constituent ce qu'on appelle le *vent solaire*, qui a été caractérisé à la fin des années 1950 grâce à des satellites et des sondes spatiales. Le champ magnétique terrestre fait office de bouclier pour ces particules sauf au voisinage des pôles Nord et Sud, où elles sont guidées le long des lignes du champ magnétique terrestre. Lors de leur pénétration dans l'atmosphère, les particules percutent les atomes d'oxygène et les molécules de diazote, leur cédant de l'énergie ou les ionisant (l'atome ou la molécule perd alors un électron). Lorsque ces espèces reviennent dans leur état antérieur, elles émettent diverses couleurs selon leur nature (c'est le phénomène de luminescence, voir p. 24): vert-jaune pour l'oxygène atomique O, rouge pour les molécules de diazote N_2 et l'oxygène atomique, et bleu et violet pour les molécules d'azote ionisées N_2^+. Les aurores polaires sont donc les traces laissées dans le ciel par les particules solaires.

Les aurores polaires se produisent-elles seulement sur Terre? Non, l'atmosphère d'autres planètes donne également lieu à ce flamboiement, notamment Jupiter qui possède un fort champ magnétique et dont l'atmosphère est essentiellement constituée de dihydrogène, d'hélium et de divers composés comme le méthane et l'éthane. Fait étonnant, il existe des lignes de champ magnétiques entre cette planète et ses trois satellites, d'où l'apparition de taches et de filets lumineux pouvant relier ces astres (Figure 2). Autre spécificité de ce système planétaire: à l'action du vent solaire s'ajoute l'effet des particules issues des volcans du satellite Io, qui sont attirées par la planète et entrent en collision avec les molécules et les atomes de son atmosphère.

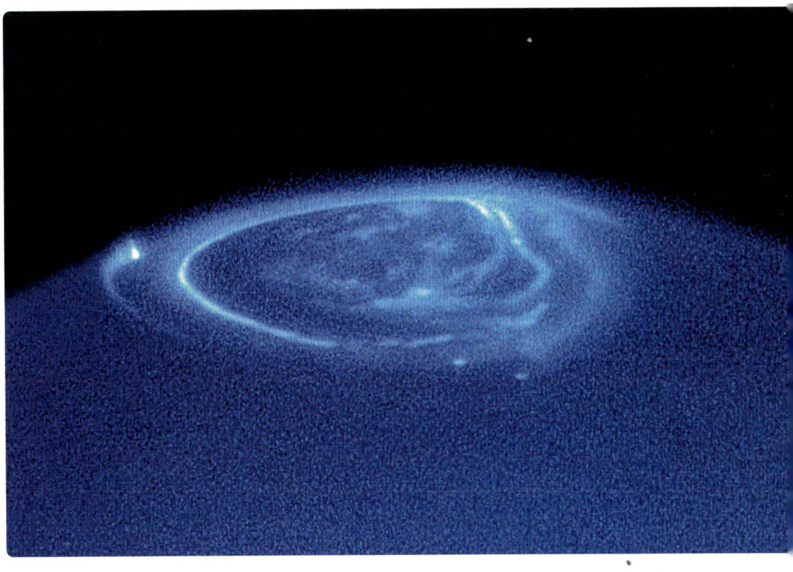

2 Aurore polaire sur Jupiter. Cette photo prise dans l'UV montre des taches lumineuses dues aux satellites Io (tache brillante avec une traînée, sur la gauche), Ganymède (tache sous la partie centrale) et Europa (tache à droite de la précédente).

34 Le ciel nocturne

En noir et blanc seulement ? Non !

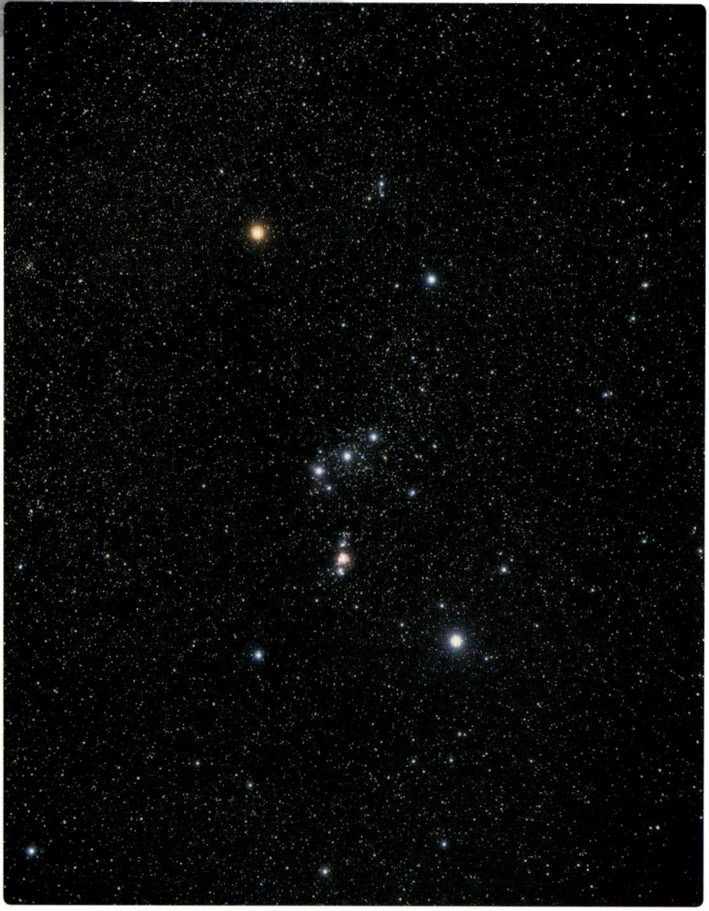

1 Constellation d'Orion. Les étoiles apparaissent comme des points lumineux blancs, mais aussi colorés sur fond noir. Les étoiles les plus chaudes sont bleutées et les moins chaudes, rougeâtres.

La nuit, le ciel sans nuage nous offre un spectacle grandiose : étoiles, comètes, constellations, Voie lactée… Dans *Le Cid* de Corneille, Rodrigue évoquait « *Cette obscure clarté qui tombe des étoiles* ». C'est en effet parce que la lumière qui nous parvient des étoiles est faible que le ciel nocturne apparaît à première vue comme un fond noir moucheté de points blancs. En réalité, le ciel est riche d'une grande variété de couleurs (Figure 1). Nous ne les percevons pas bien parce que les cônes de notre rétine (voir p. 10) responsables de la vision en couleurs sont inopérants lorsqu'ils captent peu de lumière. Les seuls photorécepteurs en état de marche sont alors les bâtonnets, qui nous donnent une image en noir et blanc avec des niveaux de gris. Ils sont certes très sensibles, mais ne procurent aucune sensation colorée.

Pourquoi le fond du ciel nocturne est-il noir ? La raison n'est pas si triviale qu'on pourrait le croire au premier abord. On ne peut se contenter de répondre que c'est parce qu'aucune lumière ne nous parvient du Soleil. En effet, compte tenu du nombre considérable d'étoiles, toute ligne de visée partant d'un point de la Terre, notre œil en l'occurrence, devrait rencontrer l'une d'elles. Ainsi, le ciel devrait-il être complètement lumineux. Comment résoudre ce paradoxe de la nuit noire ? Ce n'est pas un scientifique, mais un poète qui en proposa le premier l'explication ! Il s'agit d'Edgar Poe (1809-1849) qui publia en 1848, un an avant sa mort, un poème cosmologique en prose, intitulé *Eurêka*. Il y expliquait que la vitesse de la lumière est finie et que les étoiles n'ont pas toujours existé. Dans ces conditions, depuis le moment où une étoile apparaît dans l'Univers, la lumière émise par elle n'a parcouru qu'une certaine distance : si cette distance est inférieure à la distance qui nous sépare de cette étoile, la lumière émise par cette dernière ne nous est pas encore parvenue. Le nombre d'étoiles dont la lumière nous parvient à un instant donné est donc limité. Intuition géniale, qui sera confirmée plus tard par la théorie de la relativité et par la démonstration de l'expansion de l'Univers, tout en tenant compte de la durée de vie finie des étoiles.

À défaut d'observer les couleurs à l'œil nu, regardons à travers un télescope braqué d'abord sur les planètes du système solaire. Leurs couleurs sont directement liées à la composition chimique de la partie apparente de l'astre, c'est-à-dire de son sol et/ou de son atmosphère. Cette composition influe sur l'absorption de la lumière venant du Soleil. Mars apparaît ainsi orangé-rouge (d'où son surnom de *planète rouge*) en raison des roches et des sols riches en oxydes de fer (rappelons que l'hématite est rouge, voir p. 66). Les couleurs bleutées de Neptune et d'Uranus sont dues à la présence de méthane. Si les astronautes voient notre Terre bleue, c'est bien sûr pour d'autres raisons que vous connaissez !

Laissons rêver le poète Eluard qui voit la « Terre bleue comme une orange » et dirigeons notre télescope vers les étoiles. Elles ne sont pas toutes blanches comme notre Soleil : certaines sont bleutées, d'autres rougeâtres (Figure 1). Rien à voir cette fois avec la composition chimique. C'est une question de *température de couleur* que nous avons évoquée à propos du phénomène d'incandescence (voir p. 26) : les étoiles les plus chaudes (température supérieure à 10 000 degrés) sont bleutées.

Enfin, l'Univers nous offre bien d'autres couleurs tenant à la présence de gaz. Parce qu'ils se trouvent dans un état énergétique supérieur, les atomes ou molécules de ces gaz émettent des lumières colorées liées à leur nature chimique (phénomène de luminescence, voir p. 24). En particulier, les explosions des supernovae constituent de gigantesques feux d'artifice naturels (Figure 2).

Voilà pour les longueurs d'onde auxquelles notre œil est sensible. Et les autres : rayons ultraviolets et infrarouges, rayons X et gamma, micro-ondes, ondes radio ? C'est l'objet des pages suivantes.

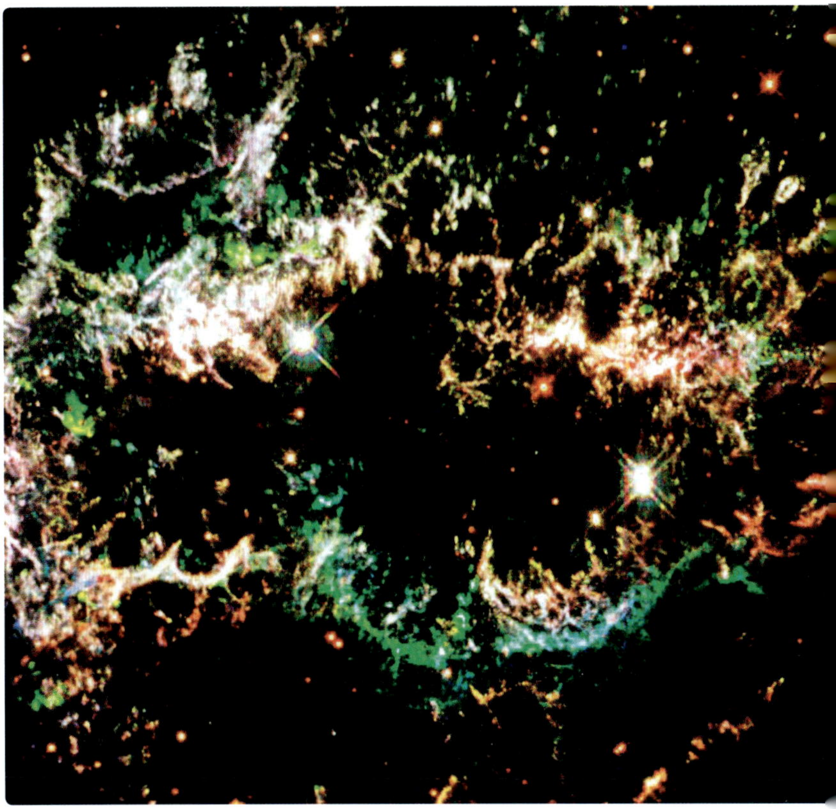

2 Cassiopée A, la plus jeune supernova de notre Galaxie située à 10 000 années-lumière de nous, photographiée par le téléscope Hubble. En explosant il y a un peu plus de 300 ans, elle a évacué à plus de 1500 km/s des volutes d'oxygène (en bleu), d'hélium, d'hydrogène, de soufre (en rouge).

35 L'Univers en fausses couleurs

Ce qui échappe à l'œil

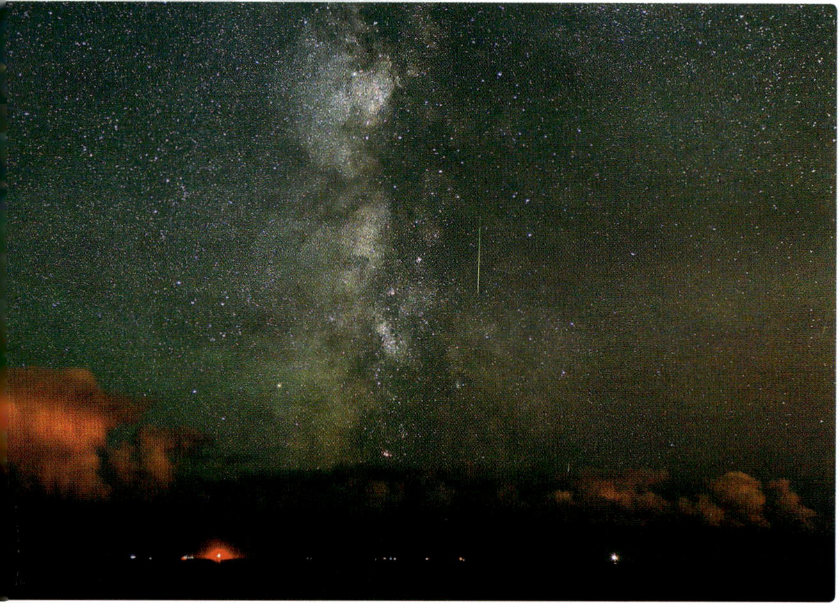

1 Photographiée par Laurent Laveder, la Voie lactée s'élève, majestueuse, de l'horizon (constellation du Sagittaire) au zénith (constellation du Cygne). La lumière rouge est un phare de l'archipel des Glénan et le trait vert une étoile filante.

Par une nuit d'été, si le ciel est pur, vous pouvez percevoir une grande traînée pâle: c'est la Voie lactée, la galaxie à laquelle appartient notre Soleil. Difficile de distinguer à l'œil nu des couleurs pour les raisons évoquées dans la section précédente. Une photo avec un temps de pose suffisant vous laissera voir des nébuleuses gazeuses rougeâtres, des étoiles bleutées et des teintes orangées dues à des poussières (Figure 1). La rétine n'est sensible qu'à une toute petite partie des ondes électromagnétiques (voir p. 8). Or nous savons que le Soleil émet aussi des rayons ultraviolets et infrarouges. Et *quid* des micro-ondes, des ondes radio, des rayons X et gamma? Tous ces rayonnements sont-ils présents dans l'Univers?

Les scientifiques ont apporté une réponse positive grâce à divers instruments adaptés à la détection de ces rayonnements. En couplant ces détecteurs à de puissants télescopes ou antennes, les astronomes scrutent le ciel. Que de surprises alors! Et que d'informations cruciales ont été obtenues qui nous aident à mieux comprendre l'Univers!

Pour représenter l'ensemble du ciel dans une seule image, les astronomes le dépeignent dans un ovale dont le grand axe correspond au plan de la galaxie et dont le centre est le cœur de cette dernière. Cette représentation s'avère très utile pour comparer la répartition des divers rayonnements (Figure 2). La représentation doit évidemment se faire en fausses couleurs: en coloriant, par exemple, les rayonnements du bleu au rouge en fonction de leur intensité, ou bien en attribuant arbitrairement les couleurs rouge, verte et bleue à trois longueurs d'onde convenablement choisies, puis en réalisant ensuite une synthèse additive de couleurs (RVB) (voir p. 17).

Avec cette représentation de notre ciel, la figure 2 apporte de nombreuses informations.

• En infrarouge (longueurs d'onde de 0,7 à 100 micromètres), on obtient la signature thermique des objets (b).

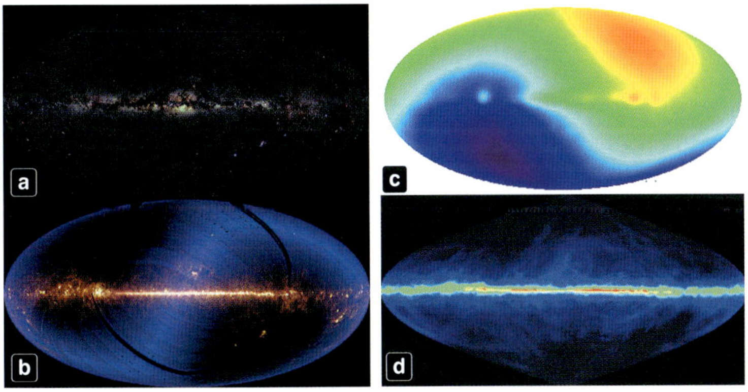

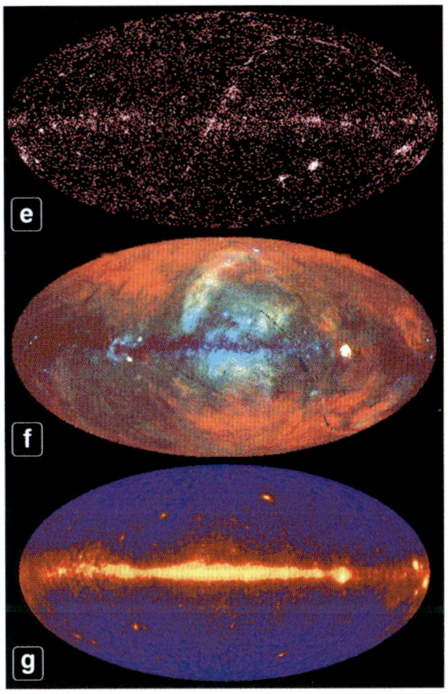

2 Notre ciel (a) comme on le voit à l'œil nu ; (b) en infrarouge, RVB (rouge, vert, bleu) = 100, 60, 12 micromètres ; (c) en micro-ondes (53 gigahertz) : la température augmente du bleu au rouge ; (d) en ondes radio (21 cm) ; (e) en UV ; (f) en RX basse énergie, RVB (rouge, vert, bleu) = 0,1 à 0,4 ; 0,5 à 0,9 ; 0,9 à 2 keV ; (g) en rayons gamma d'énergie supérieure à 100 MeV (1 MeV = 1 milliard d'électron-volt).

• Dans le domaine des micro-ondes (longueurs d'onde de 0,5 à 10-20 mm environ) où le rayonnement de fond cosmologique devient mesurable, les variations d'intensité nous renseignent sur les inhomogénéités de température du fond (c).

• Dans le registre des ondes radio (couvrant les micro-ondes jusqu'aux ondes kilométriques), on voit la trace de vastes nuages d'hydrogène (d).

• Le rayonnement UV est, lui, en grande partie absorbé par les nuages de gaz et de poussières. Seules les étoiles les plus chaudes et les plus proches émettent un rayonnement UV qui nous parvient (e).

• Dans le domaine des rayons X de basse énergie, tout le ciel apparaît « lumineux ». De gigantesques bulles de gaz chaud résultent d'anciennes explosions de supernovae (f).

• À travers les rayons gamma, on voit la désintégration de divers noyaux d'atomes des résidus de supernovae et dans certains pulsars (g).

Regardons de plus près les restes de la supernova Cassiopée A photographiée dans le visible p. 77. L'observation dans d'autres domaines de longueurs d'onde est très intéressante (Figure 3). On y voit en particulier la trace de rayons gamma de très haute énergie (en rose sur la figure). Cela renforce l'hypothèse que les restes de supernovae seraient à l'origine des rayons cosmiques constitués de particules voyageant à des vitesses proches de celle de la lumière.

Voilà un bref aperçu de la richesse d'information que l'on obtient à travers tout l'arc-en-ciel électromagnétique. Les astronomes d'aujourd'hui ne peuvent se contenter du seul domaine du spectre visible pour comprendre les objets célestes de notre Univers.

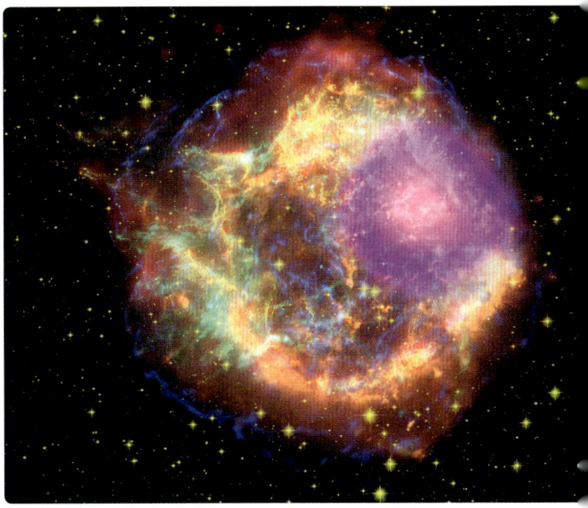

3 Cassiopée A en fausses couleurs. En rose : rayons gamma enregistrés par le télescope spatial Fermi ; en bleu et vert : rayons X détectés par le télescope de l'observatoire Chandra ; en jaune : lumière visible observée par le télescope spatial Hubble ; en rouge : rayonnement infrarouge mesuré par le satellite Spitzer ; en orange : ondes radio observées par le VLA (*Very Large Array*).

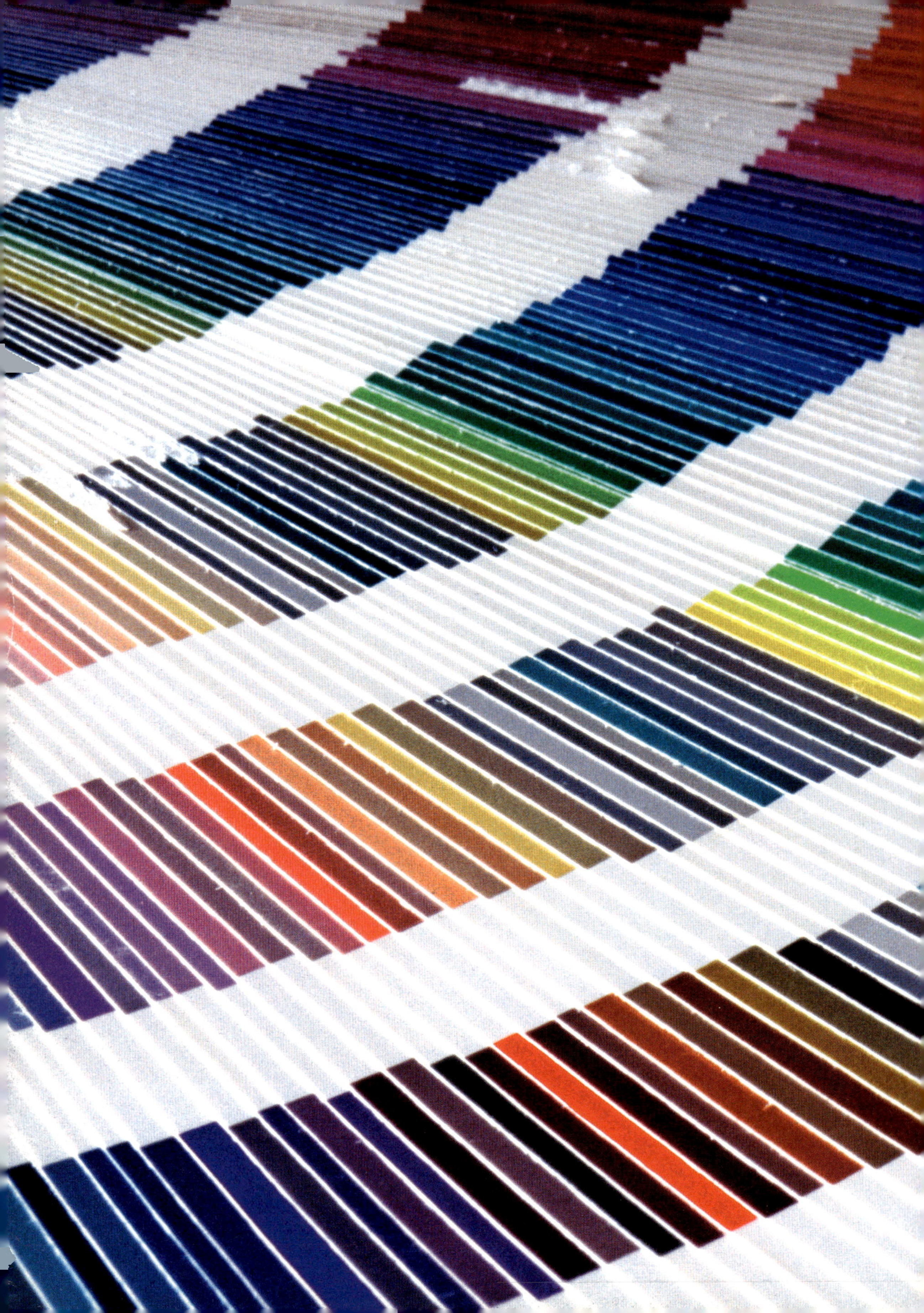

PARTIE 3

Couleur et culture

La couleur est le plus beau trait d'union entre la science et l'art.

La couleur imprègne littéralement toute la culture humaine. La culture scientifique d'abord, car l'élaboration et l'application de pigments et de colorants relèvent des sciences chimiques et physiques. La culture artistique ensuite, où la couleur est un élément clé de l'expression. Si Matisse jugeait que « la couleur surtout et peut-être plus encore que le dessin est une libération », la fille de la lumière est loin de n'accorder ses faveurs qu'à la seule peinture. Pour preuve le chromatisme, un domaine où se croisent l'univers des couleurs et celui des sons, et où puisent leur inspiration autant de peintres que de musiciens. De façon plus générale, la couleur est l'une des voies de la communication humaine et, à ce titre, est porteuse de symboles. Aussi est-elle un ingrédient essentiel pour les créateurs des mondes de la mode, de la décoration, du design, de la publicité, etc.

Nuancier

36 La fabrication des teintures

Vive la chimie !

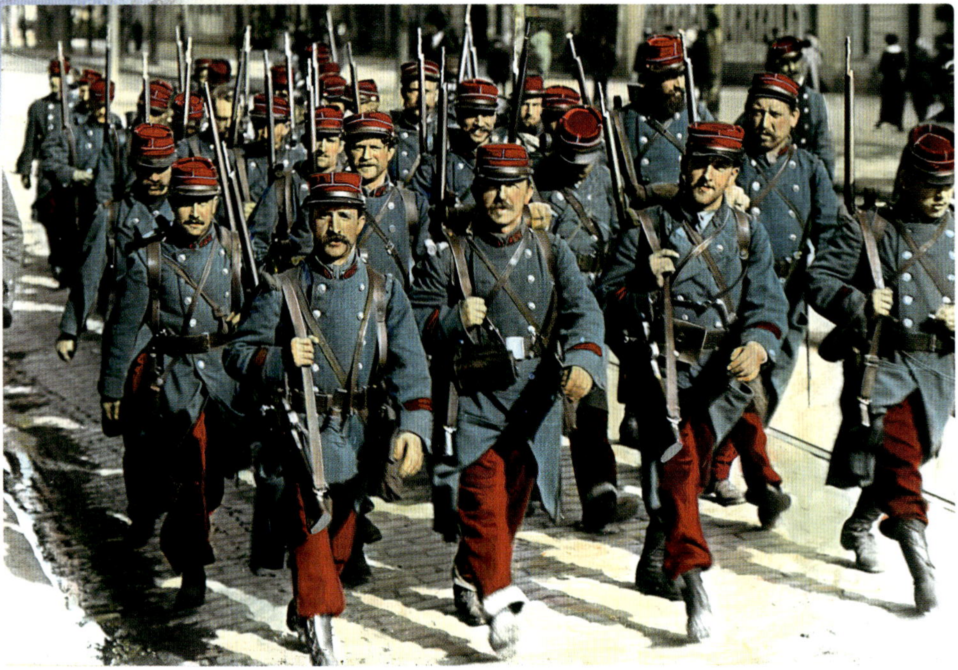

1 Fantassins de 1914. Leur pantalon rouge vif est teint avec un colorant extrait d'une plante, la garance.

À l'origine furent les colorants naturels pour les textiles. Au début de la Grande Guerre, les fantassins (les « poilus ») arboraient un pantalon d'un superbe rouge très vif, qui faisait d'eux des cibles idéales pour les artilleurs allemands. Remplacé ensuite par un bleu horizon, ce rouge provenait d'une plante de la famille des Rubiacées, la garance (*Rubia tinctorum*), qui fut très longtemps la source principale de teinture rouge. On a même retrouvé des lins teints avec ce végétal dans les tombes de l'Égypte ancienne. Les principaux colorants extraits de ses racines (Figure 2) sont l'alizarine et la purpurine. L'alizarine fut synthétisée en 1868 par Graebe et Libermann. L'exploitation par la société BASF du brevet que les deux chimistes avaient déposé, mit un terme à la culture de la garance.

Un autre exemple remarquable de colorant naturel est l'indigo. Longtemps, ce bleu foncé aura été importé d'Inde jusqu'à ce qu'il soit synthétisé par Baeyer et Heumann en 1890. Depuis cette époque, BASF produit de l'indigo et fournit encore aujourd'hui 40 % de la production mondiale. L'utilisation principale de ce colorant est la teinture des indémodables blue-jeans. Pour l'anecdote, ce nom a pour origine la toile teintée en bleu, fabriquée à Gênes depuis le XVIe siècle, que l'on appelait bleu de Gênes. C'est la prononciation à l'anglaise de Gênes qui a ensuite conduit au terme blue-jeans, ce pantalon étant né en Amérique à l'époque de la ruée vers l'or : en 1853, Oscar Levi Strauss eut l'idée d'employer la toile des tentes pour confectionner un vêtement de travail quasi inusable.

Ainsi, lorsque la chimie commença à faire des progrès considérables à partir du milieu du XIXe siècle, les colorants naturels, qu'ils soient d'origine végétale (garance, indigo, pastel, gaude) ou animale (cochenille, kermès) furent progressivement remplacés par des colorants synthétiques. Les pionniers des colorants synthétiques sont les chimistes allemand von Hofmann et anglais Perkin. Alors qu'il travaillait dans le laboratoire de von Hofmann, inventeur d'une nouvelle classe de colorants dérivés de l'aniline, Perkin décida de pousser plus loin l'étude de l'oxydation de l'aniline. Il aboutit ainsi, en 1856, à un superbe colorant synthétique, la mauvéine (Figure 4), qui connaîtra un succès considérable dans toute l'Europe. L'année suivante, Perkin, qui n'avait que vingt ans, commercialisa ce colorant dont le prix approchait celui du platine ! Un autre colorant dérivé de l'aniline, la fuchsine, fut découvert par Vergues en 1858. Mais c'est surtout à partir des années 1860 que de nouveaux colorants furent développés rationnellement sur les bases conceptuelles de la chimie organique qui venaient alors d'être établies.

Depuis la fin du XIXe siècle, de nombreuses familles de colorants ont été élaborées : colorants azoïques, colorants anthraquinoniques, quinacridones, phtalocyanines (voir p. 99), colorants polyméthiniques, etc. Le *Colour Index*, édité par deux associations de chimistes anglais et américains, recense, dans sa troisième édition de 1982, pas moins de huit mille colorants synthétiques de nature chimique différente, et plus de quarante mille dénominations commerciales ! Toutefois, la progression du nombre de colorants disponibles sur le marché s'est ralentie au cours de ces dernières années, certains industriels ayant préféré cesser la production de teintures jugées pas assez rentables ou potentiellement dangereuses pour la santé.

Il convient de souligner que les teintures naturelles comportent en général diverses molécules de colorant, alors que les teintures à base de colorants de synthèse n'en comportent qu'une seule. La coloration finale n'est donc pas strictement la même, et le retour aux teintes naturelles fait de plus en plus d'adeptes. Par exemple, la guède (pastel des teinturiers) dont le colorant principal est identique à celui de l'indigo est à nouveau cultivée en Picardie et dans la région de Toulouse. De telles initiatives sont encouragées par l'Union européenne.

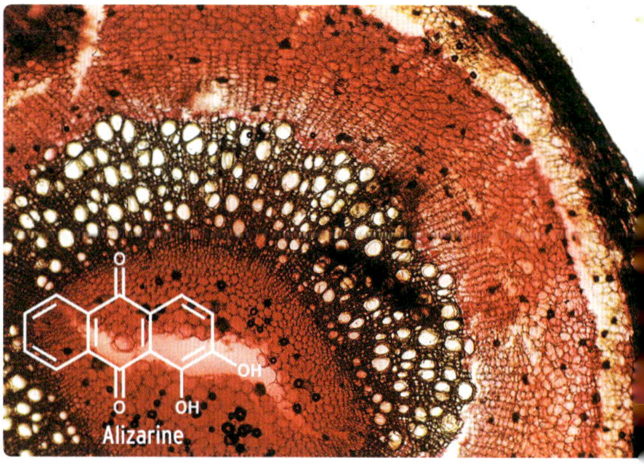

2 La garance est une plante dont la racine (vue ici en coupe), traitée par une solution de potasse, prend une couleur rouge due à des colorants anthraquinoniques, principalement l'alizarine.

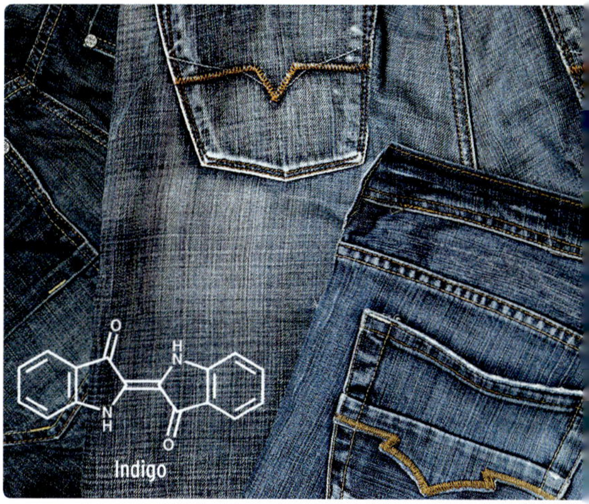

3 La couleur des blue-jeans est due à l'indigo, colorant autrefois extrait de plantes, puis fabriqué industriellement à partir de 1890.

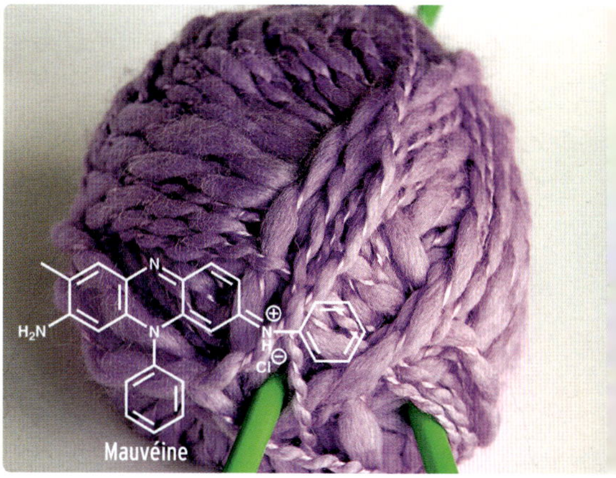

4 Écheveau teint à la mauvéine.

37 L'application des teintures

Encore de la chimie !

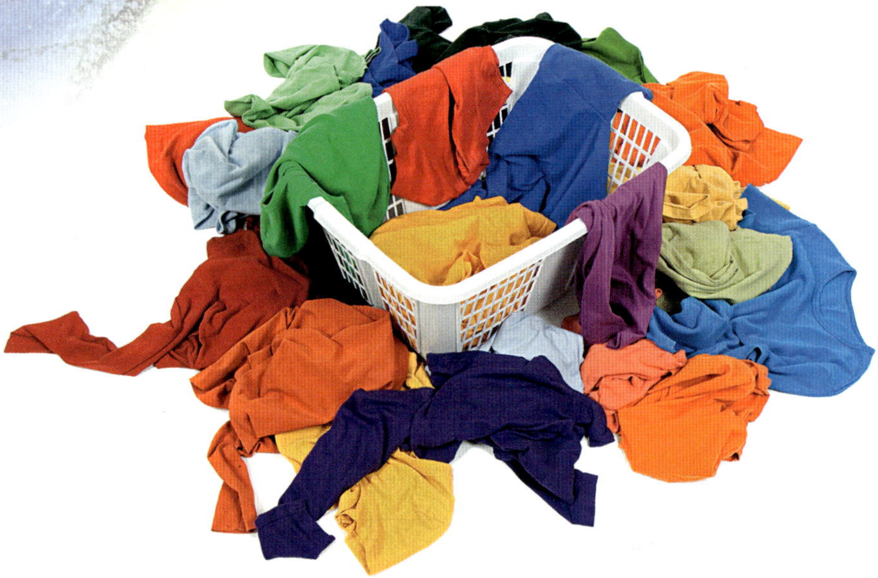

1 Les vêtements en coton de couleurs vives ne doivent pas être lavés à des températures supérieures à 60-70 °C sous peine de libérer une partie des colorants accrochés aux fibres.

Pourquoi la majorité des vêtements en coton de couleurs vives doivent-ils être lavés à moins de 60-70 °C ? Pour éviter la libération des colorants. Mis au point au début des années 1960, mais seulement employés à partir des années 1980-1990, ces colorants sont dits *réactifs* parce qu'ils réagissent en milieu alcalin avec les groupes hydroxyle (–OH) des fibres cellulosiques du coton (Figure 2a) pour former des ponts éther (un éther est une molécule de la forme R-O-R', où R et R' sont des chaînes carbonées). Très faciles à appliquer, les colorants réactifs présentent néanmoins l'inconvénient de craindre les lavages à haute température : les éthers ont alors tendance à s'hydrolyser au contact de l'eau, ce qui rompt la liaison chimique avec le colorant.

Les colorants réactifs sont quasiment réservés aux fibres cellulosiques. Dans quelques cas, on les a employés pour teindre des fibres animales comme la laine, mais celle-ci est fragile en milieu alcalin. Des colorants réactifs spécifiques ont également été développés pour teindre des fibres de polyamides (comme le nylon), mais ce procédé a été abandonné. C'est pourquoi les procédés classiques de teinture, que nous allons maintenant décrire, ne sont pas prêts de disparaître.

Une méthode très ancienne de teinture consiste à mettre à profit la très grande affinité de certains colorants pour les sels métalliques. Ils sont nombreux à posséder cette propriété (par exemple l'alizarine, voir p. précédente) et portent alors le nom de *colorants à mordant* (du latin *mordere*, « mordre »). Le nom du procédé, appelé mordançage, vient de la première tentative d'interprétation selon laquelle les métaux (chrome, aluminium, fer, zinc, étain), sous forme d'ions métalliques s'accrochaient à la fibre – la mordaient en quelque sorte – puis servaient de sites d'accrochage des molécules de colorant (Figure 2b).

L'interprétation reste valide aujourd'hui, même si on a affiné cette image grossière. Voici comment la chimie moderne explique les facultés d'accrochage des colorants à mordants. Les sels métalliques étant dissociés dans l'eau, le métal est sous forme d'ions, plus précisément sous forme de cations (ions chargés positivement). Or, les fibres possèdent des groupes chimiques riches en électrons (à base d'atomes d'oxygène en particulier). Elles présentent donc une forte affinité pour ces ions métalliques qui ne demandent qu'à combler leur déficit en électrons. S'il en est de même des molécules de colorant, un cation jouera le rôle d'intermédiaire entre la fibre et le colorant (Figure 2b). On dit qu'il s'est formé un complexe, et plus précisément ici un chélate (du grec *chèlè*, « la pince »). D'après des études récentes menées sur l'alizarine et l'aluminium, le mordançage pourrait faire également intervenir des mécanismes de fixation supplémentaires.

Un autre procédé ancien de teinture met en œuvre des *colorants de cuve*. Ces derniers, dont l'indigo, sont insolubles dans l'eau à pH neutre, mais on contourne cette difficulté en utilisant une cuve remplie d'un liquide alcalin (au pH basique) dans laquelle ils se dissolvent. Après avoir laissé tremper le tissu dans la cuve pour qu'il s'imprègne du colorant, on l'expose à l'air. En tout, le colorant aura changé deux fois d'état chimique : il aura été réduit dans la cuve (autrement dit, il aura gagné des électrons), puis oxydé par l'oxygène de l'air à sa sortie (il les aura perdus). Au final, le bilan est nul et le colorant reprend à l'air sa formule chimique – et donc sa couleur – originelle (Figure 2c). Des colorants de cuve synthétiques ont été mis au point depuis le début du XXe siècle. Citons le bleu d'indanthrène (dérivé de l'anthraquinone) qui souvent remplace l'indigo, moins résistant.

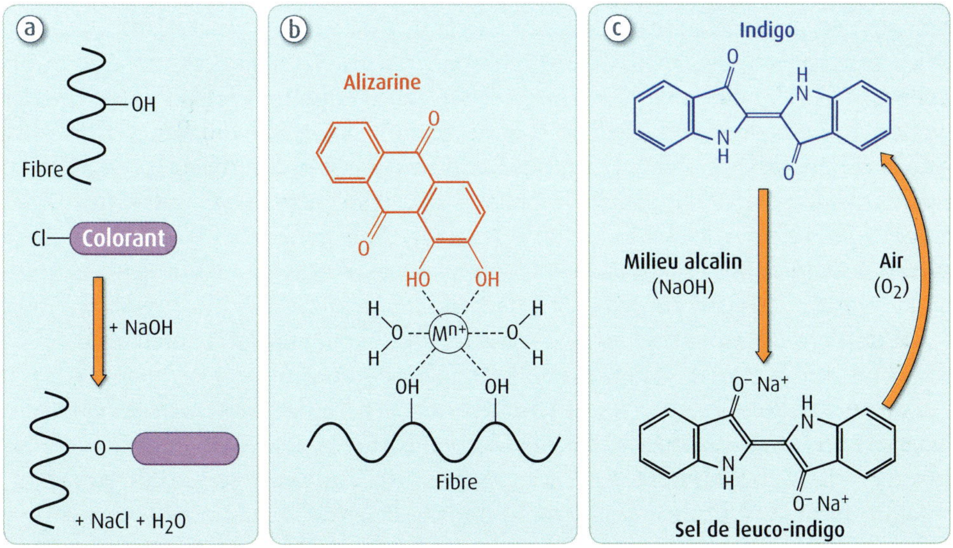

2 Trois techniques de teinture : (a) Un colorant « réactif » possédant un atome de chlore réagit avec un groupe $-OH$ d'une fibre cellulosique en formant une liaison chimique covalente. (b) Principe du mordançage : M^{n+} représente un cation métallique (aluminium ou chrome, par exemple) servant d'intermédiaire pour l'accrochage de l'alizarine (colorant issu de la garance) sur la fibre par des liaisons dites de coordination. (c) L'indigo est rendu soluble en le transformant en sel de leuco-indigo par action de la soude. Puis la molécule d'indigo est régénérée par l'oxygène de l'air.

38 Les couleurs fluo

Des couleurs lumineuses

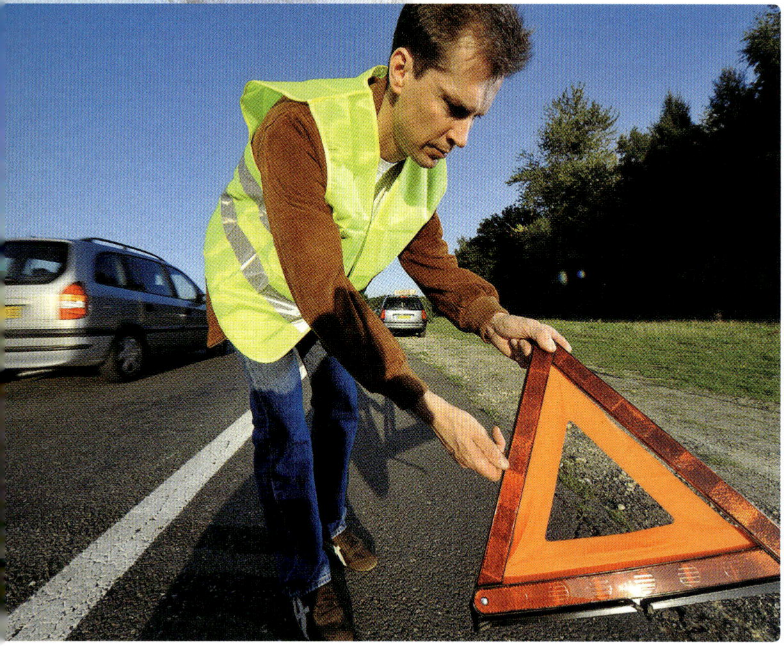

1 Les gilets de sécurité jaune fluo sont particulièrement visibles, même sous un faible éclairage.

Tout conducteur a dans sa voiture un bel exemple de couleur fluo : celle qu'arbore le gilet de sécurité devenu obligatoire et qui permet à toute personne quittant le véhicule, en cas de panne ou d'accident, d'être visible (Figure 1). Ce gilet doit sa luminosité à un colorant fluorescent qui porte bien son nom : la fluorescéine. Historiquement, il s'agit du premier colorant fluorescent synthétique. Il fut synthétisé par von Baeyer en 1871.

Nous avons vu (p. 24) que le phénomène de *photoluminescence*, sous forme de *fluorescence* ou de *phosphorescence*, est une émission de lumière consécutive à une absorption de lumière : lors de cette absorption, une molécule acquiert de l'énergie, qu'elle rétrocède ensuite sous forme de lumière. Qu'est-ce qui distingue la fluorescence de la phosphorescence ? Dans la fluorescence, les molécules reviennent très rapidement à leur état d'énergie originel (en des temps de l'ordre de quelques milliardièmes de seconde). L'émission de fluorescence s'arrête donc presque en même temps que l'illumination. Dans la phosphorescence, au contraire, les molécules transitent via un état d'énergie intermédiaire, où elle restent un certain temps avant de retrouver l'état initial. C'est pourquoi l'émission de phosphorescence perdure lorsqu'on cesse d'illuminer les molécules. Cette prolongation peut durer une fraction de seconde à plusieurs heures selon les composés.

La couleur des substances fluorescentes est directement liée au spectre de fluorescence (qui décrit les variations de l'intensité de fluorescence en fonction de la longueur d'onde). Ce spectre est situé en moyenne à des longueurs d'onde plus grandes que celles auxquelles la substance absorbe. À la couleur par absorption se superpose donc la couleur de la lumière émise par fluorescence. Raison pour laquelle un objet fluorescent apparaît d'une couleur très lumineuse.

Le rubis est un exemple remarquable de fluorescence, à qui il doit sa couleur rouge vif. En absence de fluorescence, un rubis serait rose pourpre (mélange de bleu et de rouge), car ce cristal absorbe dans le jaune-vert.

Les colorants fluorescents les plus couramment employés sont la fluorescéine, les rhodamines, les coumarines et les acridines (Figure 2). Ils sont présents dans divers objets fluo de la vie courante. Les produits en plastique fluorescents sont en général en plexiglas, qui est un polymère (le polyméthacrylate de méthyle) ; ils sont fabriqués en dissolvant le colorant fluorescent dans la solution de monomères avant la polymérisation de ceux-ci. Citons également les surligneurs. Il existe en outre des peintures fluorescentes pour la décoration, et même des cosmétiques fluorescents.

Ces quelques applications pourraient laisser penser que la fluorescence est un phénomène physique présentant peu d'intérêt en soi. En réalité, elle est à la base de nombreux systèmes d'éclairage (voir p. 33). Mais surtout, il faut savoir que la fluorescence est un outil remarquable d'analyse (on détecte ainsi des espèces chimiques telles que des métaux toxiques, l'oxygène, des traces d'explosifs...), de diagnostic (angiographie, puces à ADN, détection de cancers), et de visualisation du vivant (microscopie de fluorescence).

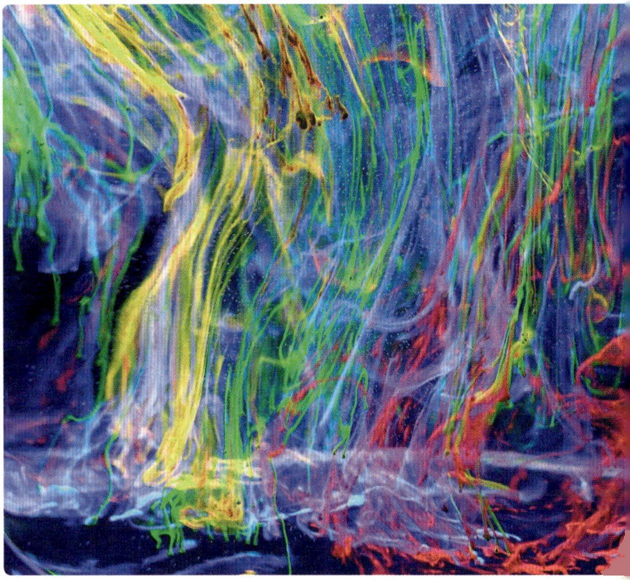

2 Composés fluorescents sous une lampe UV, ajoutés sous forme de poudre à la surface d'un mélange de glycérol et d'éthanol. En se dissolvant progressivement, les grains laissent derrière eux des trainées fluorescentes (bleu : pyranine ; jaune-vert : fluorescéine ; orangé : rhodamine 6G ; rouge : rhodamine 101).

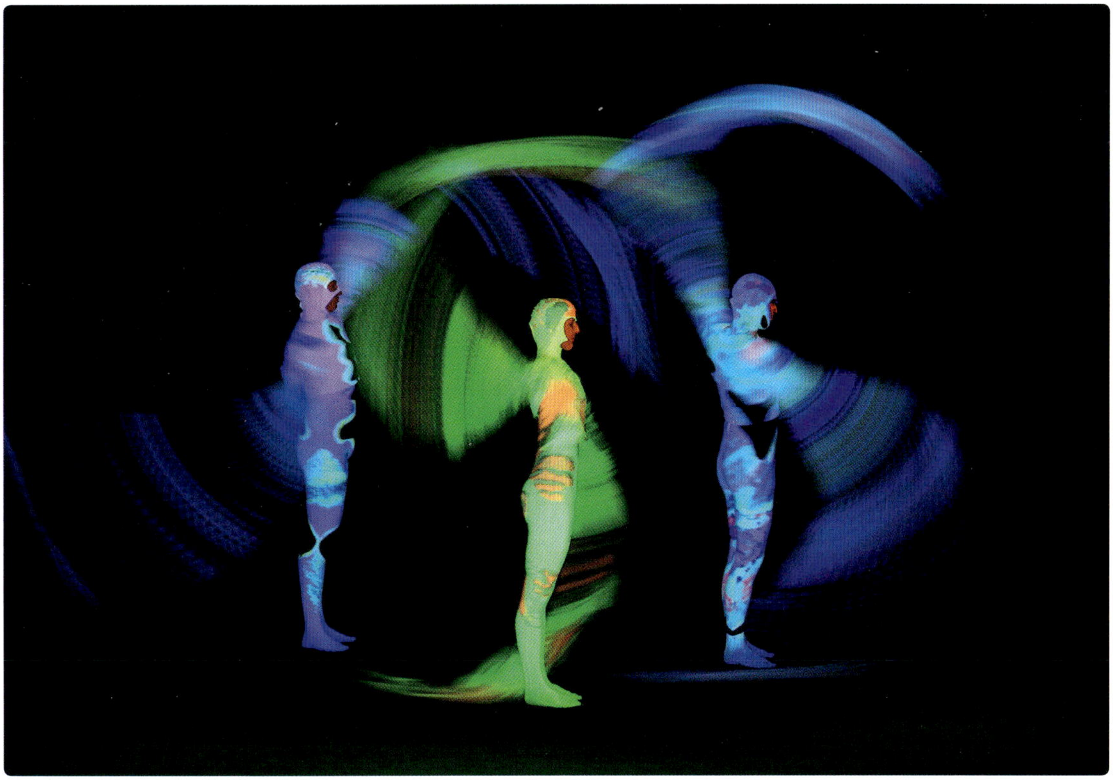

3 Danseurs habillés de vêtements fluorescents (Black Theater de Prague).

39 Couleurs sur le corps

Des rites aux cosmétiques

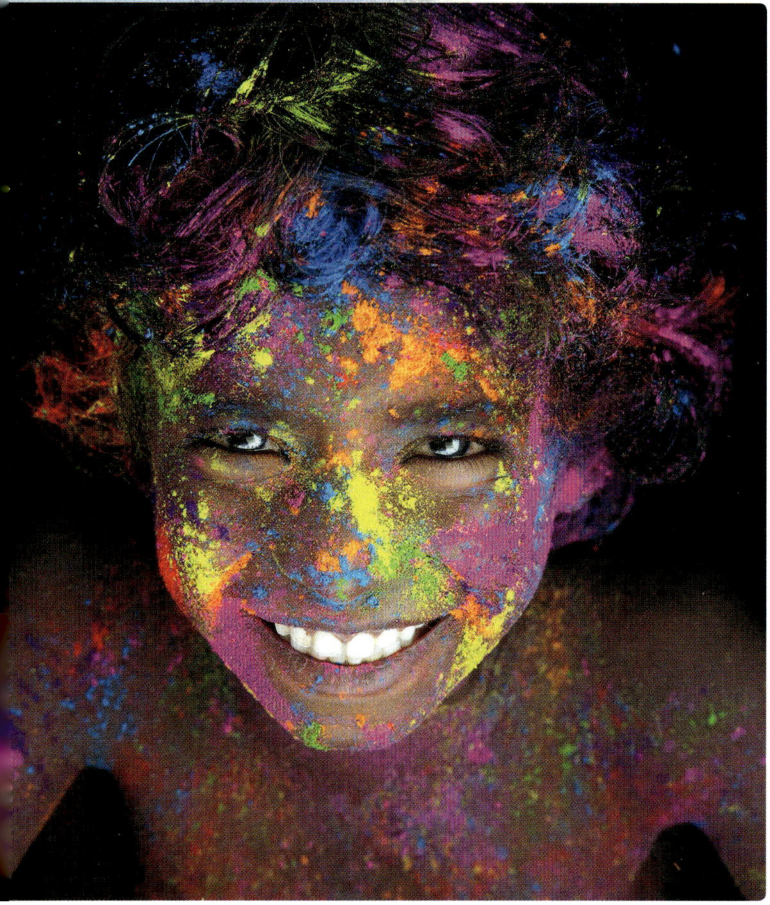

1 Visage d'un enfant recouvert de pigments lors du festival de Holi, en Inde.

En Inde, la fête de Holi célèbre l'arrivée du printemps. On l'appelle aussi « festival des couleurs », car la tradition veut que l'on s'asperge mutuellement de poudres et d'eaux colorées. Les enfants ne s'en privent pas (Figure 1) et s'amusent à viser les touristes en criant « Happy Holi ». Chacun est invité à s'approvisionner en « munitions chromatiques », malgré les cris d'alertes poussés chaque année par les dermatologues et les ophtalmologues : gare aux conséquences fâcheuses de ces produits sur la peau et les yeux !

Les couleurs appliquées sur le corps font l'objet de coutumes depuis l'aube de l'humanité : peintures de guerre, tatouages, ornements divers, etc. Ce « langage corporel » a évolué au cours du temps et est propre à chaque civilisation de par ses enjeux social et culturel. Il existe toutefois un invariant universel à ce langage : les cosmétiques. La formulation du rouge à lèvres, fond de teint, mascara et autre vernis à ongles, est d'une grande complexité (Figure 2). La base d'un rouge à lèvres par exemple ne contient pas moins d'une vingtaine de constituants différents, parmi lesquels les pigments jouent évidemment un rôle important. À cause de leur dangerosité potentielle sur la peau, les pigments cosmétiques font l'objet d'une autorisation légale. Plus la zone du corps sur lequel il sera appliqué est fragile, plus le pigment doit démontrer une innocuité élevée. Les yeux sont la zone la plus délicate. On trouve ensuite le teint, les lèvres, puis les ongles, sur lesquels pèsent le moins de contraintes.

La nature des pigments utilisés en cosmétique est variée. Parmi les pigments minéraux, le bleu outremer (voir p. 96) est très prisé. Avec les oxydes de fer, il entre fréquemment dans la composition des mascaras. Citons également le rouge carmin extrait de la cochenille (un insecte se nourrissant de la sève des cactus) : ce pigment est certes onéreux, mais produit des teintes inégalables, et les rouge à lèvres en usent et abusent. La nacre, elle, est employée sous forme de particules ultrafines et confère brillance et reflets colorés grâce à sa structure en mille-feuille (voir p. 42). Des reflets nacrés sont également obtenus à l'aide de pigments formés de micas (structure en mille-feuille comme la nacre) recouverts de dioxyde de titane. Pour obtenir un fort effet nacré, le pourcentage de pigments dans la composition totale doit atteindre 8 %, alors qu'il est de 3 % pour un rouge à lèvres classique.

Si la coloration de la peau et des ongles fait appel à des cosmétiques déjà constitués, la coloration des cheveux, elle, repose sur un tout autre principe : le pigment est fabriqué in situ, sur le cheveu, grâce à l'utilisation conjointe de plusieurs produits. La chimie est essentielle dans le processus. Il existe plusieurs procédés pour parvenir à un bon résultat, mais le plus courant consiste à faire réagir sur le cheveu deux molécules appelées la base et le coupleur. Il s'agit de molécules incolores de petite taille, qui ont une forte affinité pour le cheveu, ce qui va leur permettre d'y pénétrer facilement. Spontanément, la base et le coupleur ne réagissent pas ensemble. La coloration débute donc par l'application de ces produits sur les cheveux, ainsi que d'un troisième : l'eau oxygénée, qui joue un double rôle. D'une part, elle oxyde la base et la transforme ainsi en une substance ultraréactive. D'autre part, elle « prépare le terrain » des pigments en décolorant les cheveux (elle inactive la mélanine des cheveux), ce qui est indispensable pour obtenir ensuite une couleur homogène sur toute la chevelure.

Ces deux réactions chimiques (la transformation de la base et la décoloration des cheveux) sont lentes. Dans les salons de coiffure, les femmes patientent trente à quarante-cinq minutes, le temps qu'elles se réalisent. Cette période permet aux pigments de se former. En effet, la base devenue réactive entre au contact du coupleur. Les deux s'agrègent alors en une molécule dont la masse (et donc la taille) est au moins le double de celle des molécules initiales. Étant beaucoup plus grosse que les précurseurs, cette molécule est piégée dans les cheveux. Par ailleurs, son spectre d'absorption se situant dans le visible, elle est colorée : c'est le pigment. Pour parachever la teinture, il faut rincer la chevelure pour éliminer l'excès de colorants. Selon la structure chimique de la base et du coupleur, toutes les teintes peuvent être obtenues : non seulement les teintes naturelles, mais aussi les nuances tirant sur le bleu, le pourpre, le mauve, etc. Faites votre choix, mesdames… et messieurs !

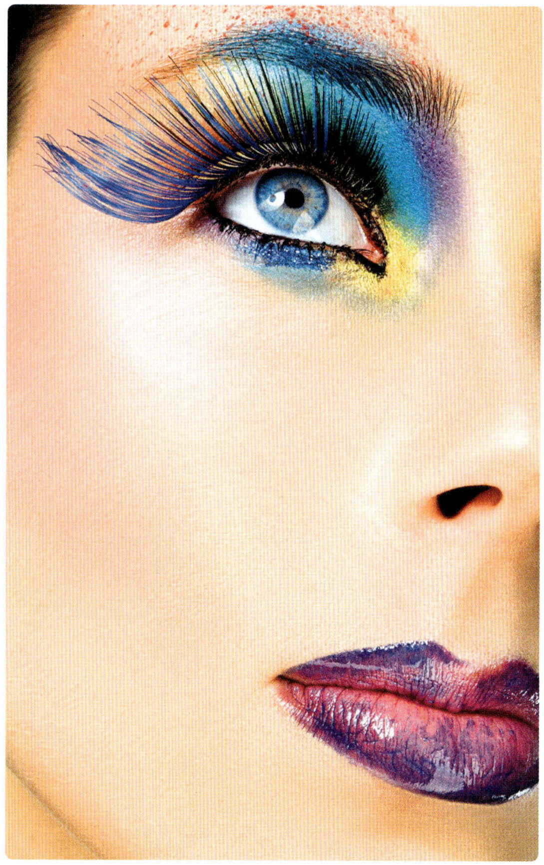

2 Le maquillage est avant tout un art de la couleur : fond de teint, fard à paupières, rouge à lèvres, mascara font l'objet de formulations très complexes.

40 Souvent couleur varie

Thermo-, photo- et électrochromisme

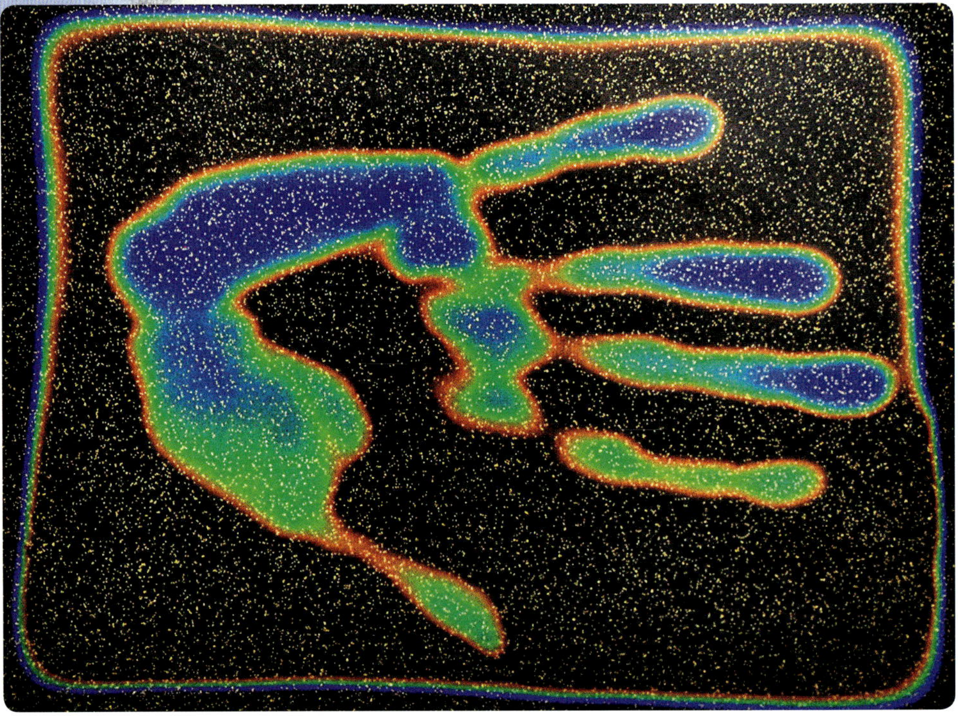

1 Ce tapis de souris change de couleur quand on y pose la main grâce à un revêtement à base de cristaux liquides cholestériques.

Si vous êtes amateurs de vin, vous avez certainement déjà croisé ces thermomètres en forme de bague qui se glissent sur les bouteilles. Ces thermomètres affichent des chiffres qui se colorent différemment selon la température. Il existe d'autres gadgets dont la couleur varie avec ce paramètre (Figure 1). Comment la température peut-elle influer sur une couleur ? Le revêtement est en fait constitué d'une couche mince de cristaux liquides prise en sandwich entre deux films transparents. Les cristaux liquides de la couche sont dits cholestériques, car ils sont organisés en hélice perpendiculairement au plan de la couche. Or, la couleur des cristaux liquides dépend directement du pas de cette hélice, qui lui-même est fonction de la température (à cause de l'agitation thermique qui tend à éloigner les cristaux les uns des autres). Ainsi, la couleur de la lumière renvoyée par cette couche varie-t-elle selon la température.

La capacité de substances à voir leurs propriétés optiques, en particulier leur couleur, dépendre de la température est dénommé *thermochromisme*. Divers domaines scientifiques l'exploitent, comme la médecine (pour cartographier la température de la peau en vue de détecter des tumeurs ou des anomalies circulatoires) et la métallurgie (pour déceler des défauts sur des pièces collées ou soudées). Bien d'autres matériaux que les cristaux liquides cholestériques sont *thermochromes*.

Des recherches portent par exemple sur la réalisation de vitrages qui laisseraient passer le rayonnement solaire lorsqu'il fait froid, mais l'arrêterait lorsqu'il fait chaud. Voilà qui serait fort utile et agréable ! Dans ce but, les revêtements à base de dioxyde de vanadium et de tungstène ou de molybdène sont prometteurs : ils permettent de faire varier le flux de chaleur traversant une vitre de 20 à 60 %.

D'autres stimuli extérieurs que la température peuvent modifier les couleurs de matériaux : par exemple la lumière (*photochromisme*) et le champ électrique (*électrochromisme*). L'application la plus courante du photochromisme concerne les verres de lunettes capables de s'obscurcir à la lumière. Les chimistes ont mis au point de nombreuses molécules, les *photochromes*, qui changent de forme, et donc de couleur, lorsqu'elles absorbent la lumière dans un certain domaine de longueur d'onde (Figure 2). En incorporant ces photochromes dans des matrices de polymères, on réalise des verres de lunettes de soleil autoadaptatifs qui sont d'autant moins transparents que l'intensité de la lumière reçue est élevée.

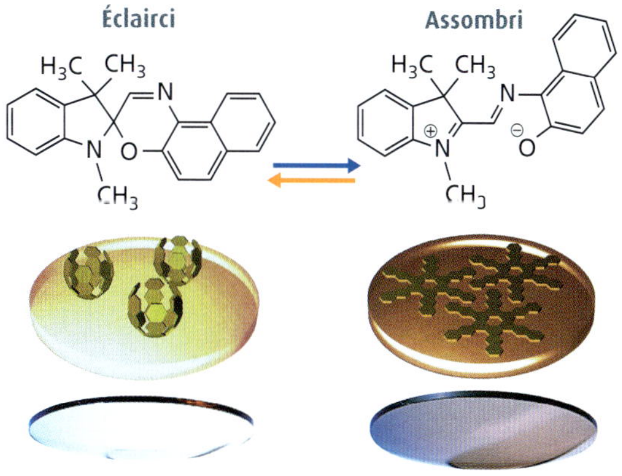

2 Verres de lunettes photochromiques commercialisés par la société Carl Zeiss. Les molécules (indolino-spironaphtoxazine) sont réparties à la surface du verre qui, exposé à la lumière, s'assombrit uniformément sur toute sa surface, indépendamment de l'épaisseur du verre. Les images sous les formules chimiques illustrent le changement de conformation de la molécule sous l'effet de la lumière : la forme tordue absorbe moins efficacement la lumière que la forme plane.

Les rétroviseurs de voiture qui s'assombrissent sous la lumière sont souvent improprement associés aux photochromes. Le vrai phénomène responsable de leur noircissement est l'électrochromisme : il est provoqué par un processus électrochimique déclenché par un courant électrique. Une cellule photovoltaïque détecte la luminosité qui frappe le pare-brise et commande le système d'obturation.

Les spectaculaires toits en verre des voitures, grâce auxquels on peut régler à volonté la luminosité dans l'habitacle, fonctionnent selon le même principe. Leur développement, par la société Saint-Gobain, a demandé de nombreuses années de recherche. Schématiquement, ces toits possèdent une couche, analogue à une batterie solide, enfermée entre deux plaques de verre. Les électrodes et l'électrolyte de cette pseudo batterie sont des films minces minéraux transparents dont la couleur change avec la charge : l'application d'une tension fait migrer des ions (des protons ou des ions lithium) dans une zone où ils induisent une coloration. Lorsque la batterie est « chargée », elle reste dans son état de coloration en absence de tension. Pour décolorer le verre, il suffit de mettre le système en court-circuit ou d'appliquer une tension de polarité inverse. Il n'y a donc pas de consommation d'énergie en dehors des processus de coloration et de décoloration.

L'application de cette technologie dans le secteur du bâtiment est en cours de développement. C'est un élégant moyen de moduler à loisir l'apport d'énergie solaire dans une habitation. Plus besoin de store ! Toutefois, avant une industrialisation, les ingénieurs devront résoudre les problèmes liés aux plus grandes dimensions requises et réduire les coûts de production.

41 Les premiers pigments pour l'art

La naissance de l'art pictural

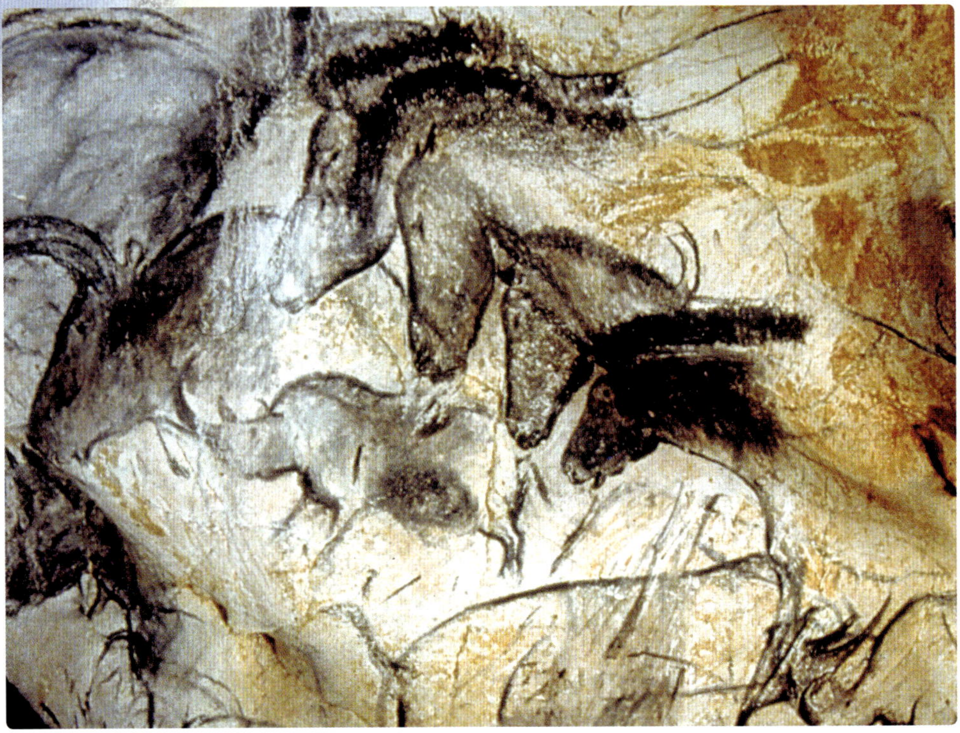

1 Grotte Chauvet : le panneau des chevaux. Elle a été datée grâce au charbon de bois utilisé dans les dessins.

Quelle est la plus ancienne grotte décorée de peintures pariétales ? C'est la grotte Chauvet (Ardèche) qui date d'environ 32 000 avant notre ère. C'est un joyau de l'art paléolithique (Figure 1), tout comme la non moins célèbre grotte Lascaux (Dordogne) qui date « seulement » de -17 000. L'une comme l'autre ne sont pas visitables en raison des problèmes cruciaux de conservation qui se posent depuis des années. Un fac-similé de Lascaux est ouvert au public. Il en sera de même pour la grotte Chauvet en 2013.

De quels pigments les artistes préhistoriques disposaient-ils ? Du charbon minéral pour le noir bien sûr, mais aussi du charbon d'origine végétale ou animale (obtenu par calcination du bois ou des os par exemple), ainsi que du dioxyde de manganèse. Quant aux pigments jaunes et rouges, il s'agit d'*ocres* (voir p. 66) : la *goethite* (oxyde de fer hydraté) de couleur jaune, et l'*hématite* (oxyde ferrique) de couleur rouge. L'hématite retrouvée dans la grotte de Lascaux est naturelle alors que 25 % des blocs d'hématite découverts sur le site de Troubat (11 000 à 6 500 avant notre ère) proviennent de la goethite chauffée. L'analyse par diffraction des rayons X permet de faire la distinction : les cristaux d'hématite naturelle sont plus réguliers que ceux de l'hématite artificielle. Les artistes avaient donc, sans le savoir, transformé la goethite en hématite par déshydratation. La conversion totale exige une température de

950 °C. Au-dessous, le mélange de goethite et d'hématite est de couleur orangée.

Après que la préhistoire fut devenue Histoire, de nombreux autres pigments existant à l'état naturel apparurent sur la palette des artistes. En particulier l'*orpiment* (sulfure d'arsenic, As_2S_3) doit son succès à sa couleur jaune vif imitant l'or. Son nom vient précisément du latin *auripigmentum*, qui signifie pigment d'or. Ce pigment naturel fut notamment employé dans l'Égypte ancienne dès le Moyen-Empire (2000 avant notre ère). Au Moyen-Âge, on savait le fabriquer en fondant du réalgar (sulfure d'arsénic, AsS) et du soufre. Malgré la haute toxicité rapidement reconnue de ce pigment, son emploi perdura jusqu'au XVIIIe siècle. Le *vermillon* (sulfure de mercure, HgS), d'un rouge éclatant, figure également parmi les pigments utilisés par les hommes de l'Antiquité. Il a d'abord servi de pigment sous sa forme naturelle (il était tiré du minerai appelé cinabre), puis synthétique : on a prouvé qu'il avait été synthétisé notamment en Perse au VIIIe siècle.

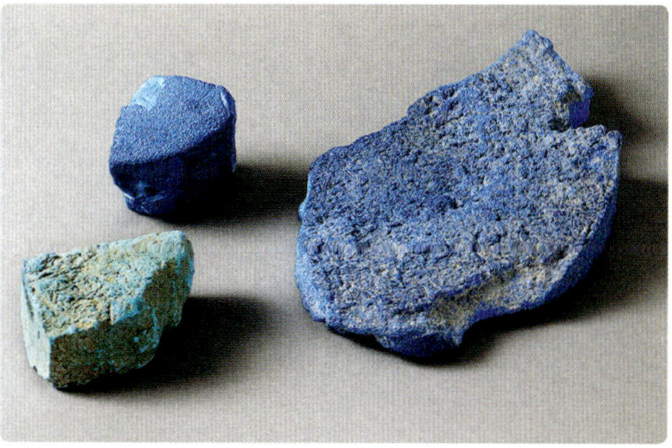

2 Pains de bleu égyptien datant de 1200 ans avant notre ère, découverts à Deir el-Medineh.

Les premiers pigments exclusivement synthétiques sont apparus en Égypte aux environs de 2500 avant notre ère. Ce sont les fameux *bleu et vert égyptiens* (Figures 2 et 3). Leur synthèse n'a été élucidée que récemment par des chercheurs du Centre de recherche et de restauration des musées de France. Le bleu égyptien est obtenu en chauffant entre 870 et 1100 °C pendant plusieurs heures un mélange de composés calcaires, siliceux et cuivreux en certaines proportions, ce qui conduit à une masse compacte et hétérogène comportant des cristaux bleus de cuprorivaïte (CaO-CuO-$4SiO_2$), ainsi que de la silice sous forme de cristaux de quartz et de tridymite. La couleur varie du bleu foncé au bleu pâle selon les conditions de chauffage. C'est sous le nom de bleu d'Alexandrie que le bleu égyptien sera exporté dans tout l'Empire romain, réhabilitant ainsi la couleur bleue considérée jusqu'alors comme dévalorisante.

Quant au vert égyptien, il se prépare avec les mêmes ingrédients que le bleu, mais dans des proportions différentes. Par ailleurs, il doit être cuit sous atmosphère oxydante entre 900 et 1150 °C. Le vert égyptien est plus riche en sodium et plus pauvre en cuivre que le bleu égyptien. Dans la phase compacte sont dispersés des cristaux de parawollastonite ($CaSiO_3$) et de silice (quartz et/ou tridymite ou cristobalite).

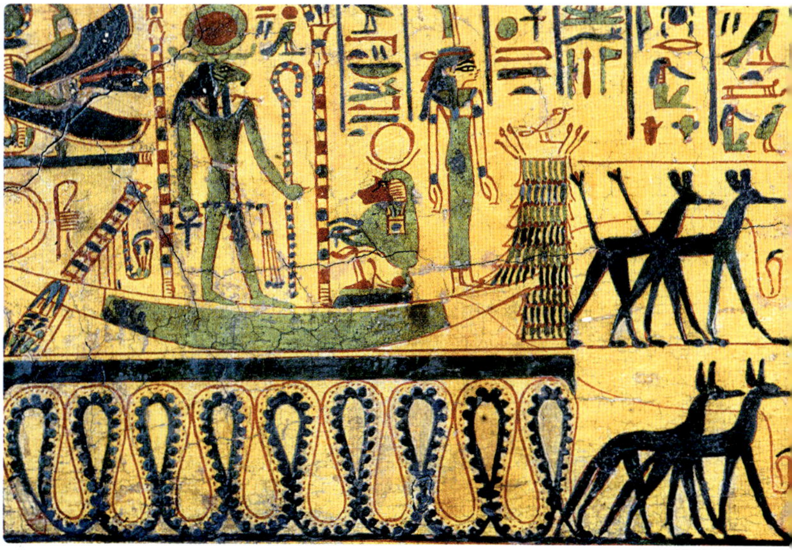

3 Pigments bleu et vert égyptiens sur la tombe de Tanethéréret (18e dynastie, 1552-1306 avant notre ère). Ils sont ici recouverts d'un vernis jaune.

42 Les pigments jaunes ultralumineux

Pour imiter l'or et peindre la lumière

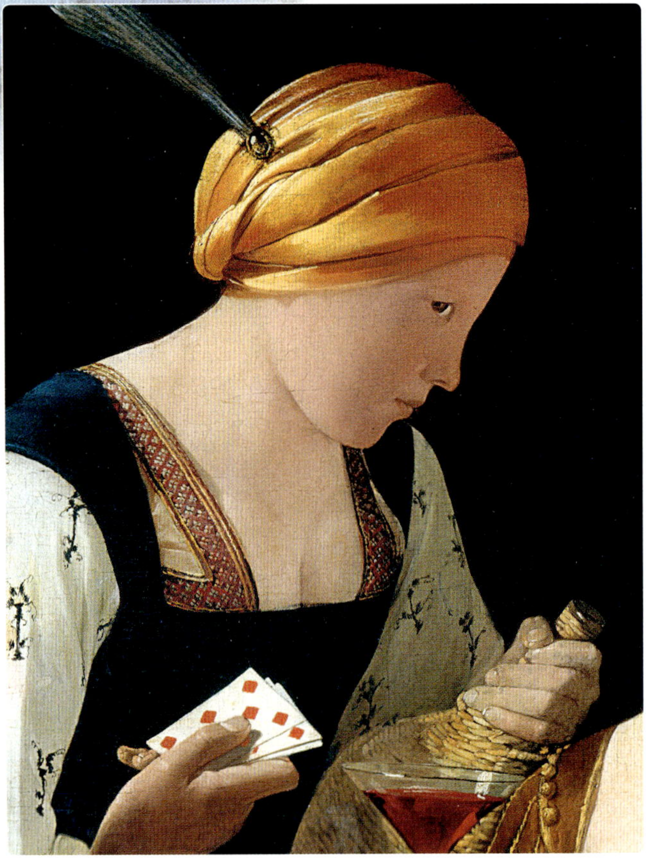

1 ***Le tricheur à l'as de carreau*** **(détail) de Georges de la Tour (1635).**

Drôle d'histoire que celle du célèbre tableau *Le tricheur à l'as de carreaux* de Georges de la Tour (1593-1652), négligé par l'Histoire jusqu'au début du XXe siècle : le peintre Paul Landry en fit l'acquisition chez un antiquaire de l'Île Saint-Louis en 1926. Une exposition au Musée de l'Orangerie en 1934 révéla cette toile au public et fit sortir son auteur de l'oubli. Le tableau démontre la maîtrise par de la Tour de la technique du clair-obscur : on ne peut qu'admirer les effets lumineux, en particulier la façon dont le turban de la serveuse reflète la lumière (Figure 1). Si le turban paraît presque luminescent, c'est grâce à l'emploi d'un pigment jaune spécial : du *jaune de plomb et d'étain* (ou stannate de plomb, $PbSnO_4$).

La première étude approfondie de ce pigment date de 1941 : Richard Jacobi en a fait la synthèse en chauffant à 740-800 °C un mélange d'oxyde de plomb PbO et d'oxyde d'étain SnO_2 broyé finement. Jacobi s'est comporté ensuite comme historien de la peinture en tentant de retrouver quels peintres avaient utilisé le même pigment. Pour cela, il a comparé ses échantillons de synthèse avec des fragments prélevés sur divers tableaux. Cette comparaison reposait sur une analyse spectrale : Jacobi a brûlé les fragments dans une flamme en observant les raies lumineuses caractéristiques qui s'en échappaient (voir p. 29). Si le rapport des intensités de deux raies convenablement choisies – l'une à 283,3 nanomètres, propre au plomb, et l'autre à 284,0 nanomètres, caractéristique de l'étain – était identique, Jacobi était assuré de la présence de jaune de plomb et d'étain dans l'œuvre d'origine du fragment.

Depuis ce travail précurseur, des études par diffraction des rayons X ont révélé qu'il existait non pas une, mais deux variétés de jaune de plomb et d'étain, aux compositions chimiques proches : la première, dite de type I, est obtenue selon le procédé de Jacobi, et la seconde, de type II, se prépare en ajoutant de la silice et en chauffant à plus haute température (900-950 °C) ; la formule du composé est alors $PbSn_{1-x}Si_xO_3$.

Pourquoi le jaune de plomb et d'étain est-il si lumineux ? Parce que les cristaux qui le constituent possèdent un indice de réfraction important. Pour comprendre, rappelons que l'éclat du diamant est due à son indice de réfraction élevé (2,4). Grâce à cette propriété, un rayon lumineux pénétrant dans un cristal a de fortes chances d'être réfléchi par réflexion totale interne et de ressortir par la face avant. Il en est de même des cristaux de jaune de plomb et d'étain qui sont présents dans la peinture : leur indice de réfraction étant à peine inférieur à celui du diamant (2,3), la lumière qui frappe le tableau et atteint les cristaux est réfléchie presque totalement. Lorsque le tableau possède une sous-couche de blanc de plomb, le peu de lumière qui parvient à traverser les cristaux est renvoyée par réflexion diffuse, ce qui augmente encore la clarté.

D'autres pigments jaunes lumineux méritent d'être cités. Les verriers égyptiens (vers 1450 avant notre ère) préparaient l'antimoniate de plomb ($Pb_2Sb_2O_7$) en calcinant du plomb en présence d'un minerai à base d'antimoine. Ce pigment était également connu en Mésopotamie. Ce n'est qu'au XVIe siècle qu'il réapparut chez les peintres de la Renaissance italienne sous le nom de giallorino. La question se pose donc s'il fut redécouvert par ces peintres. Les historiens penchent plutôt vers l'hypothèse d'une importation du procédé par des verriers venant du Moyen-Orient.

En France au XVIIIe siècle, ce pigment était connu sous le nom de *jaune de Naples*, car il était préparé à partir d'un minerai récolté sur les pentes du Vésuve. Après avoir rapporté un échantillon d'Italie en 1758, le chimiste français Fougeroux de Bondaroy (1732-1789) mit plusieurs années à retrouver le procédé de préparation à base d'oxyde plomb (PbO), d'oxyde d'antimoine (Sb_2O_3) et de tartrate de potassium.

Le jaune de Naples fut largement employé jusque vers les années 1850, avant d'être progressivement remplacé par le *jaune de chrome*. Ce pigment présentant des inconvénients (voir p. 100), le *jaune de cadmium*, qui existe sous diverses nuances (citron, clair, moyen et foncé), le supplanta rapidement. Van Gogh employa abondamment ce dernier notamment pour peindre *Les tournesols* (Figure 2). Une remarque : l'ensemble des pigments décrits ici sont à base de plomb, de chrome ou de cadmium, donc toxiques. Ils le sont toutefois moins que l'orpiment évoqué à la section précédente.

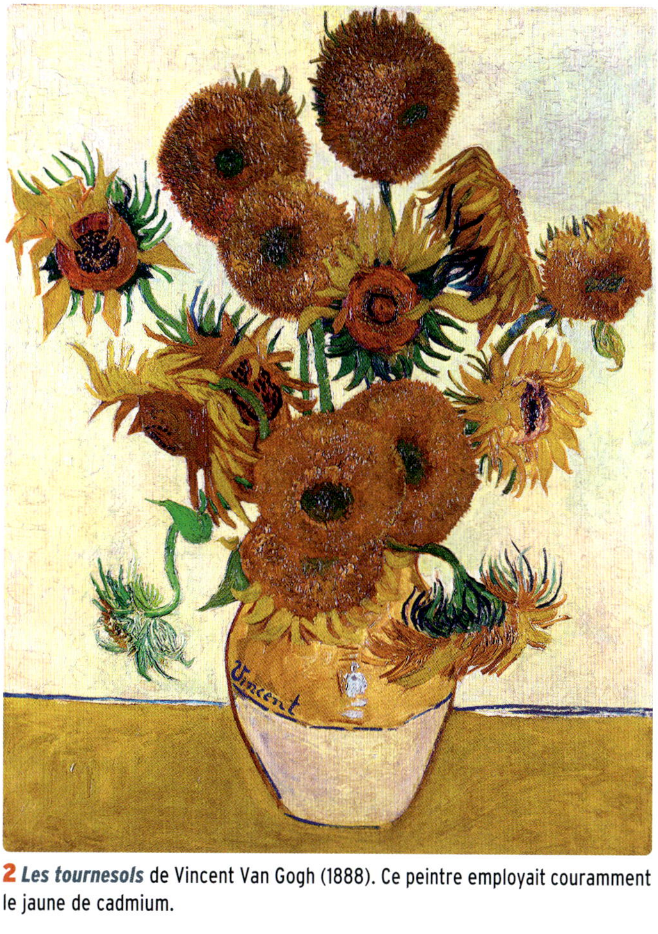

2 ***Les tournesols*** de Vincent Van Gogh (1888). Ce peintre employait couramment le jaune de cadmium.

43 Le bleu outremer

Une remarquable conquête de la chimie

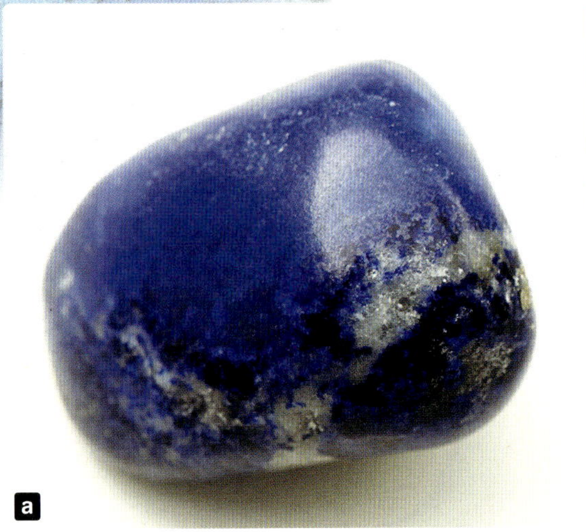

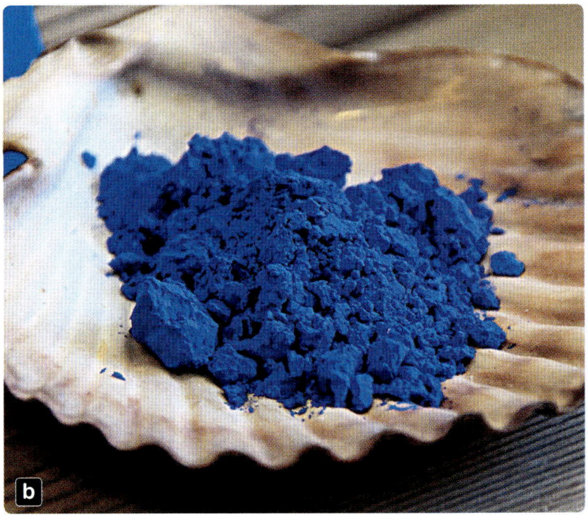

1 Le lapis-lazuli est une pierre fine, ici à l'état poli (a). On en extrait le pigment dénommé bleu outremer (b).

L'histoire du bleu outremer est passionnante : rarement la sagacité des chimistes a été autant mise à rude épreuve, aussi bien pour la synthèse que pour la compréhension de l'origine de cette superbe couleur. Tout commence en 1824 lorsque la Société d'encouragement pour l'industrie nationale lance un concours pour la synthèse d'un pigment bleu outremer à moindre coût. À l'époque, le prix de revient du bleu outremer était exorbitant, supérieur à celui de l'or ! Le pigment était en effet extrait, au terme d'un travail long et difficile, d'une pierre fine : le *lapis-lazuli* (du latin *lapis*, « pierre », et du persan *lazur*, « bleu »). La *pierre d'azur*, comme on l'appelait également, était en outre importée à grands frais d'Afghanistan – d'où le nom d'*outremer* qui signifie « au-delà des mers ». De fait, le pigment était réservé depuis toujours aux œuvres de taille réduite : aux enluminures au Moyen-Âge (Figure 2) et à certaines peintures à partir du XVIe siècle.

L'idée d'un concours était envisageable parce que l'état des connaissances en chimie en 1824 laissait entrevoir la possibilité de synthétiser du bleu outremer. En effet, l'analyse et la synthèse chimiques avaient fait des progrès considérables à la fin du XVIIIe siècle et au début du XIXe siècle. Pour cerner ces progrès, remontons le temps jusque vers 1760. On pense à cette époque que la couleur de toute substance minérale est due à un composé métallique, et qu'en particulier, la couleur bleue du lapis-lazuli est due à la présence d'oxyde de cuivre. Toutefois, Margraaf et Klaproth démontrent l'absence de ce composé, mais notent en revanche la présence d'oxyde de fer. Aucun oxyde de fer n'étant bleu, de Morveau émet alors l'hypothèse que la couleur est due à un sulfure de fer, encore non identifié dans la pierre. Pourtant, en 1806, Désormes et Clément purifient à l'extrême le pigment et prouvent qu'il ne contient en réalité pas de fer. Ils confirment en revanche la présence de silice, d'alumine, de soude, de soufre et de carbonate de calcium, qui avaient été en partie déjà observés.

Un rebondissement a alors lieu : Tassaert, directeur d'une usine de la Compagnie des Glaces de Saint-Gobain démonte un four à soude (ancien nom donné au carbonate de sodium) et découvre par hasard un échantillon de couleur bleue. Intrigué, il l'envoie pour analyse à un chimiste réputé, Vauquelin. La composition s'avère voisine de celle du bleu outremer extrait du lapis-lazuli. Vauquelin semble ne pas tenir compte des analyses réalisées par Désormes et Clément, et pense, comme de Morveau, que la couleur est due au sulfure de fer.

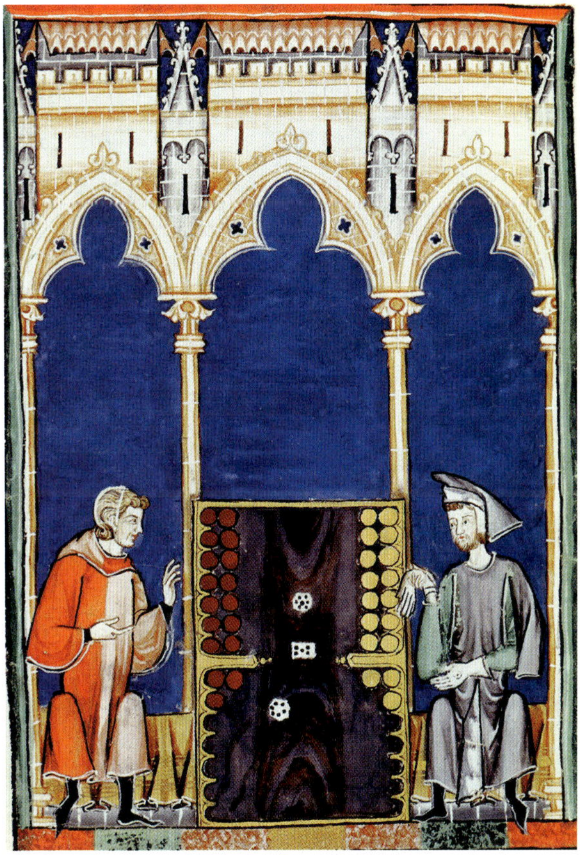

2 Enluminure du Moyen-Âge utilisant le bleu outremer (extrait du *Livre des jeux* d'Alphonse Le Sage (1282)).

En 1815, Döbereiner suggère pour la première fois que la couleur pourrait être uniquement due au soufre, ce qui se révélera exact. Toutefois, le paradigme du métal pour expliquer la couleur des minéraux est tellement ancré dans les esprits que Döbereiner suppose que le soufre provient d'une substance métallique « sulfogène » (c'est-à-dire qui engendre du soufre), mais dont le métal n'a pas encore été isolé. Il sera prouvé huit ans plus tard que la couleur est due à une substance non métallique.

Grâce à ces connaissances, Guimet remportera le concours en 1828. Il réussira le premier à réaliser la synthèse tant attendue à partir des composés révélés par l'analyse chimique. Le prix de revient du pigment est divisé par dix ! C'est le plus bel exemple de substitution d'un pigment naturel par un pigment synthétique grâce aux progrès de la chimie.

Quant à la nature exacte de cette substance à base de soufre responsable de la couleur bleue, il a fallu attendre les années 1960-1970 pour que des études spectroscopiques précisent sa structure. Elles ont montré que la couleur est due au radical anion trisulfure $S_3^{\bullet -}$ dans une cage d'aluminosilicate de type zéolithe (Figure 3). Cette espèce absorbe la lumière dans le rouge (vers 600-610 nanomètres), ce qui explique sa couleur bleue. Plus globalement, le constituant essentiel du bleu d'outremer est la *lazurite* ($Na_8[Al_6Si_6O_{24}][SO_4,S,Cl]_x$). Il n'est donc guère surprenant qu'il ait fallu deux siècles après la première synthèse pour préciser l'origine exacte de la couleur bleue !

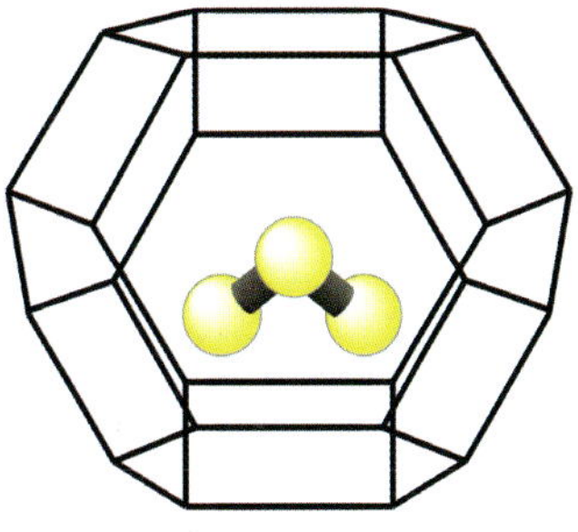

3 La couleur du bleu outremer est due au radical anion $S_3^{\bullet -}$, constitué de trois atomes de soufre et emprisonné dans une cage d'aluminosilicate.

44 D'autres beaux pigments bleus

À chacun sa période bleue

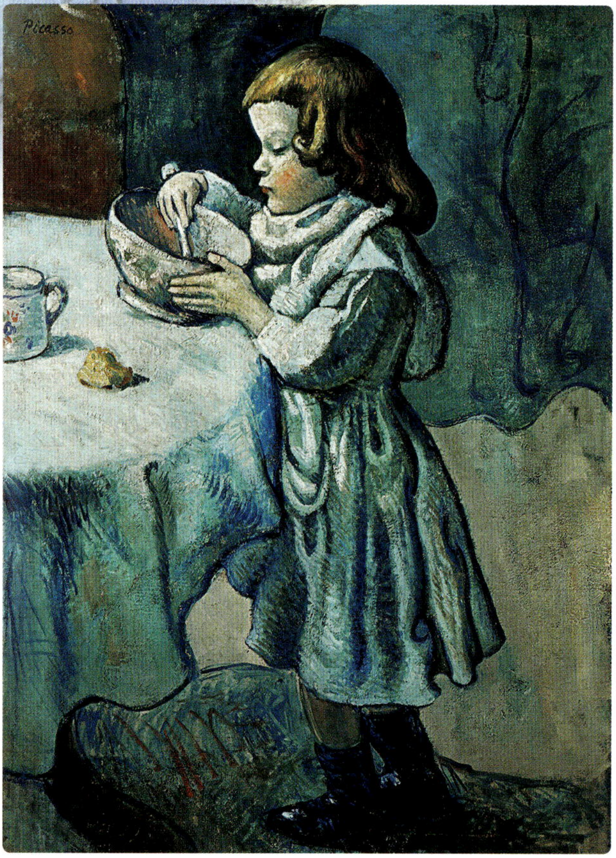

1 *Le gourmet* de Picasso (1901) met en lumière de nombreuses nuances de bleu dues à des pigments différents.

Le bleu a occupé une place de choix dans la peinture du XXe siècle. *Le gourmet* de Picasso (1881-1973) (Figure 1) est un bel exemple de tableau peint pendant la « période bleue » de l'artiste, qui s'est étendue de 1901 à 1904. Picasso employait le bleu de cobalt et le bleu de Prusse. Voyons d'un peu plus près ces deux pigments bleus.

Le *bleu de cobalt* ($CoO.Al_2O_3$) est largement mis en œuvre dans la peinture à l'huile dès le XVe siècle (il était alors connu sous le nom d'azur d'Allemagne). En 1802, Thénard met au point un procédé de synthèse à partir de phosphate de cobalt. Mais lorsqu'il est broyé et mélangé à l'huile, ce pigment est d'un bleu peu lumineux : il faut ajouter des pigments blancs pour obtenir de très belles couleurs.

Quant au *bleu de Prusse*, c'est un colorant inorganique synthétique (du ferrocyanure ferrique, $Fe_4[Fe(CN)_6]_3$) découvert par hasard à Berlin en 1710, d'où son nom initial de bleu de Berlin. Il est surtout utilisé pour la teinture, mais en le fixant sur un oxyde métallique comme l'alumine, on peut en faire un pigment pictural. Même si l'auteur du *Nu bleu* l'a souvent employé, il n'est pas considéré comme l'un des grands pigments bleus de la peinture.

Bien d'autres peintres que Picasso traversèrent leur période bleue, en particulier Matisse (1869-1954) – connu notamment pour ses collages de papiers colorés en bleu intense à la gouache dans les années 1950 –, et Yves Klein (1928-1962) qui entame son « époque bleue » en 1957 avec son pigment IKB (*International Klein Blue*), le fameux bleu Klein (Figure 2). La formule de ce bleu, mise au point avec l'aide d'un jeune chimiste, Édouard Adam, a été enregistrée en 1960 à l'Institut national de la propriété industrielle. Il ne s'agit pas réellement d'un nouveau pigment, mais d'une formulation spéciale à base de bleu outremer. En effet, le liant n'est ni de l'huile, ni de l'eau, mais une pâte fluide originale dans laquelle le pigment est incorporé.

En revanche, le *bleu phtalo* est réellement un nouveau pigment du XXe siècle. Particulièrement vif, ce bleu est une phtalocyanine découverte accidentellement en

1928 dans l'entreprise écossaise Scottish Dyes Ltd. (qui deviendra ICI, Imperial Chemical Industries). Des chimistes avaient déjà obtenu ce type de composé, mais c'était la première fois qu'on envisageait son emploi comme pigment. Les recherches aboutirent à la mise sur le marché en 1934 du bleu phtalo ou *bleu monastral* qui est une phtalocyanine de cuivre. Par chloration de cette molécule, on obtient un pigment vert, le *vert monastral*. Ces pigments sont de nature organométallique : il s'agit de complexes constitués d'un ion cuivre central entouré d'une structure moléculaire organique comportant notamment des atomes d'azote (Figure 3). Leur grand avantage est leur résistance à la lumière, ainsi qu'aux variations de température et d'humidité. En outre, ils permettent d'imiter les pigments anciens, notamment en vue de réaliser des glacis (voir p. 107).

Les pigments bleus ont été longtemps rares et chers, comme le lapis-lazuli, ou peu performants comme l'*azurite*, un carbonate basique de cuivre ($2CuCO_3 . Cu(OH)_2$) que l'on trouve sous forme de minerai dans les mines de cuivre. C'est la raison pour laquelle le bleu avait été si peu utilisé par les peintres et les teinturiers avant le XVIIIe siècle. La découverte accidentelle du bleu de Prusse et la synthèse de pigments bleus au XIXe siècle ont fortement contribué au gain de popularité du bleu au sein des cultures européennes observé depuis le XIXe siècle. Cette popularité est encore forte de nos jours puisque le bleu est la couleur préférée des Européens. Le drapeau de l'Union européenne l'atteste.

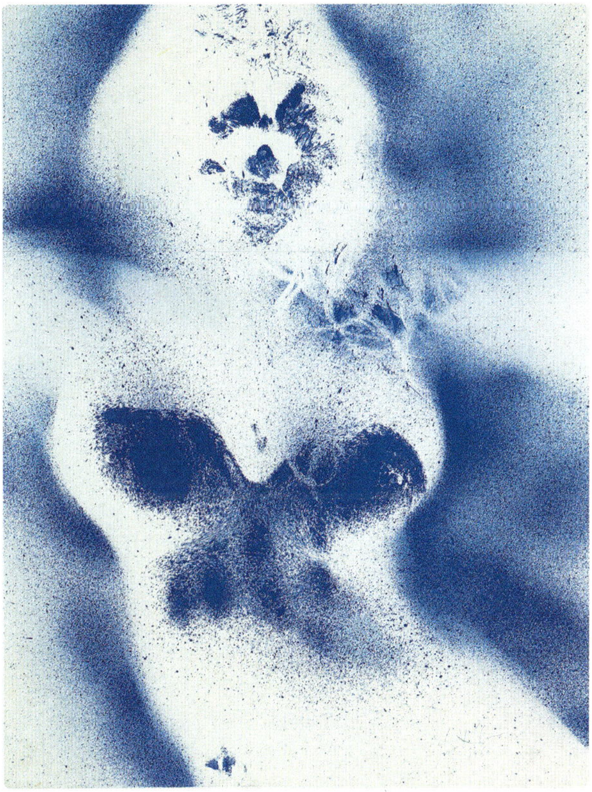

2 Une des *Anthropométries* de l'époque bleue d'Yves Klein. Œuvre réalisée avec le pigment IKB (*International Klein Blue*) par la technique des « pinceaux-vivants » : des modèles dont les corps sont enduits de peinture impriment leurs empreintes sur une toile.

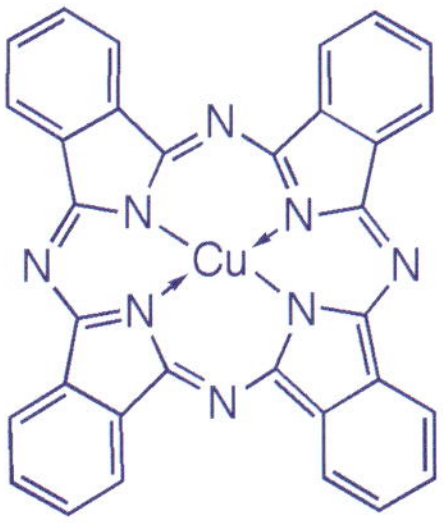

3 Le bleu phtalo ou bleu monastral est une phtalocyanine de cuivre possédant d'excellentes propriétés de résistance à la lumière, la température et l'humidité.

45 Les pigments à base de chrome

Une grande variété de couleurs

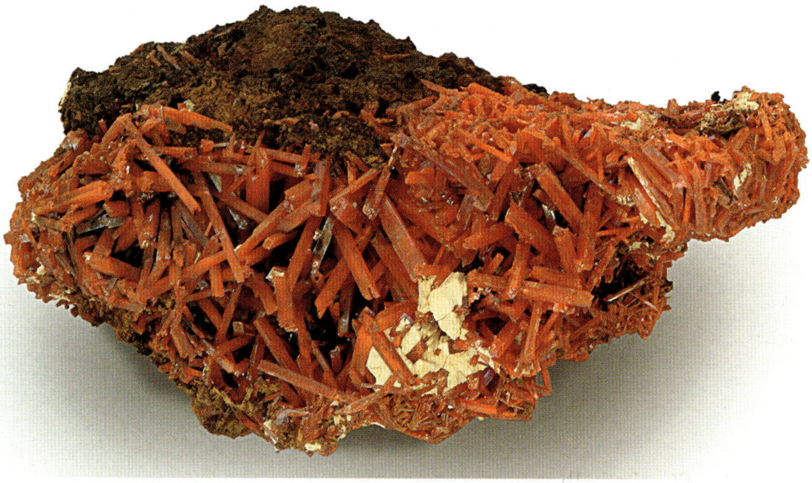

1 Cristaux de crocoïte. Ce minerai, qui contient essentiellement du chromate de plomb, est à l'origine de la découverte du chrome et fournit divers sels colorés, dont certains sont utilisables en tant que pigments.

En 1766, un chimiste de Saint-Pétersbourg découvre dans l'Oural un nouveau minerai de couleur rouge-orangé, bientôt baptisé plomb rouge de Sibérie avant d'être renommé crocoïte (Figure 1). En France, Vauquelin, à qui est confié un échantillon, cherche à identifier la nature chimique des cristaux. En 1797, le chimiste annonce qu'il a isolé dedans un nouveau métal qu'il baptise *chrome*, mot venant du grec *chroma* qui signifie «couleur», en raison de la diversité des teintes qu'offrent les sels de ce métal. Vauquelin a notamment observé en effet que l'acide du plomb rouge (appelé aujourd'hui acide chromique) donne un précipité jaune-orangé avec les sels de plomb (il s'agit du chromate de plomb, $PbCrO_4$, un constituant majoritaire de la crocoïte).

Dans son rapport à l'Académie des sciences en 1809, Vauquelin décrit les divers tons oranges et jaunes qu'il a observés selon les conditions de précipitation, bien conscient de tout l'intérêt que les sels de chrome offraient comme possibles colorants. Cette utilisation présentait toutefois une contrainte financière sévère, car elle exigeait de faire venir le minerai de Sibérie. Mais grâce à Napoléon, l'obstacle tombe. En 1804, l'empereur avait en effet ordonné une grande enquête sur les ressources naturelles de la France. Or à l'occasion de cette prospection, on découvre un gisement de crocoïte dans le Var: le *jaune de chrome* peut enfin être produit à moindres frais. Plus tard, un autre gisement de crocoïte, important, sera découvert aux États-Unis près de Baltimore.

Le mode classique de préparation du jaune de chrome est fondé sur la réaction du bichromate de potassium avec un sel de plomb (acétate ou nitrate). La couleur obtenue dépend des conditions de précipitation : température, pH, concentrations et proportions relatives des réactifs. Les jaunes clairs sont obtenus à basse température, en milieu dilué acide, les jaunes moyens à 50 °C en solution plus concentrée et à pH plus important. Pour obtenir des couleurs orangées et même rouges, la réaction doit se faire à température élevée, en milieu très basique, avec une forte concentration de réactifs. On peut également porter à ébullition un mélange de jaune de chrome moyen avec de l'hydroxyde de potassium (potasse) ou de calcium, jusqu'à obtenir la teinte désirée.

Le jaune de chrome et l'orangé de chrome ont longtemps été prisés des peintres, notamment de la part de Turner (Figure 2) et Van Gogh. Toutefois, ces pigments présentaient deux inconvénients : ils étaient toxiques et peu stables à la lumière (ils noircissaient au contact du soufre par formation de sulfure de plomb). C'est pourquoi ils ont rapidement été concurrencés et supplantés par les jaunes de cadmium.

Un autre type de pigment essentiel, à base de chrome, est le *vert oxyde de chrome* (Cr_2O_3). On l'obtient en chauffant à 510 °C de l'acide borique et du bichromate de potassium ou de sodium. Notons au passage que les « billets verts », les dollars, lui doivent leur couleur. L'hydratation de cet oxyde conduit au *vert émeraude* (Cr_2O_3, $2H_2O$), ou vert Guignet, du nom de l'inventeur du procédé dont le principe général sert encore aujourd'hui. Ce pigment était souvent employé par des grands peintres comme Turner ou Monet (Figure 3).

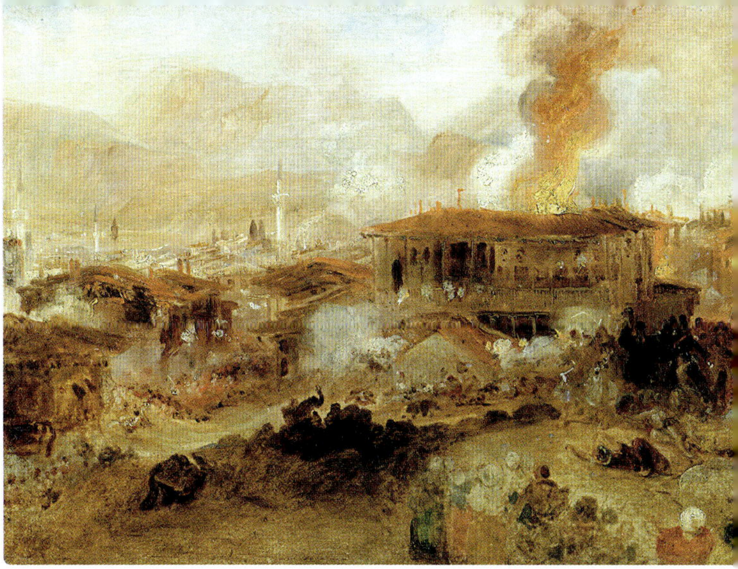

2 Tableau de William Turner (1775-1851) : *L'incendie à Constantinople*. Ce peintre employait couramment du jaune de chrome.

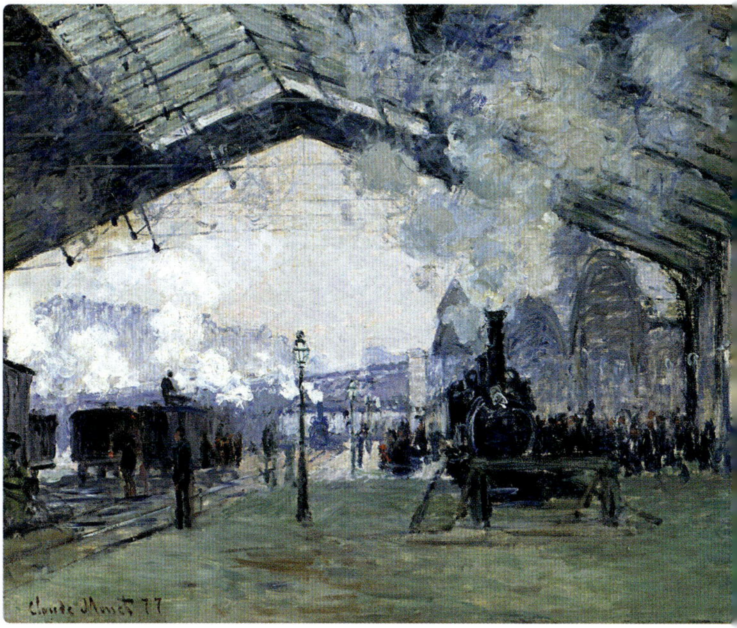

3 Tableau de Claude Monet *Arrivée du train de Normandie* (1875). Le pigment vert employé est le vert émeraude qui est de l'oxyde de chrome hydraté.

Attention à ne pas confondre le vert oxyde de chrome et le *vert de chrome*. Ce dernier, fabriqué au XIXe siècle, est un co-précipité de jaune de chrome ($PbCrO_4$. $PbSO_4$) et de bleu de Prusse. C'est le constituant principal des verts anglais. En 1840, le fabricant parisien Milori créa les *verts Milori* associant le jaune de chrome, le bleu de Prusse et le sulfate de baryum (un pigment blanc). Toutefois, ces mélanges se sont souvent révélés instables.

46 Les pigments blancs

Une place de choix sur la palette des peintres

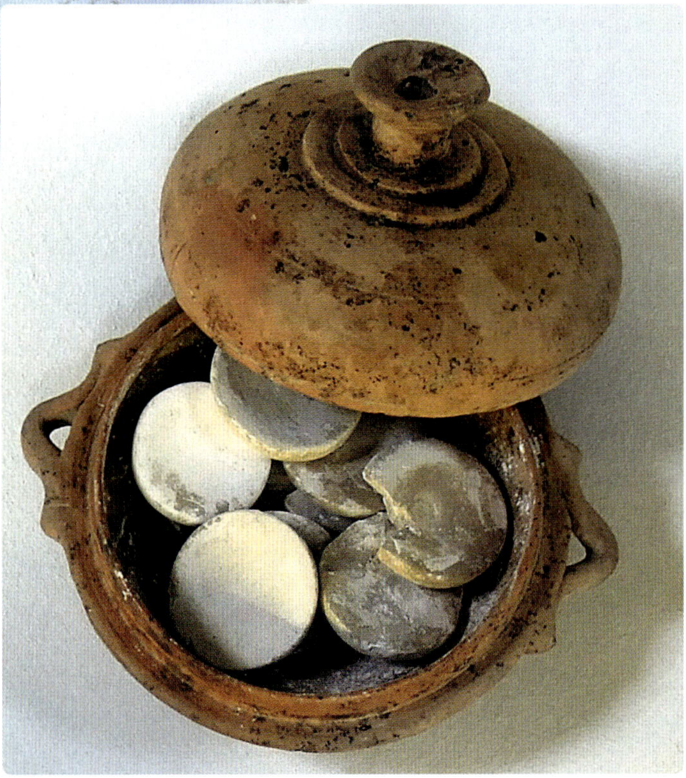

1 Le blanc de plomb fut employé dès l'Antiquité comme pigment blanc par les artistes, mais aussi comme fard pour le visage, malgré sa toxicité.

Le *blanc de plomb* fut le pigment blanc le plus employé depuis l'Antiquité jusqu'au milieu du XIXe siècle (Figure 1). Son usage n'était pas réservé à la peinture : il était couramment utilisé comme fard dans la Grèce antique ainsi qu'en France du XIVe au XVIIIe siècle. Sous l'Ancien Régime, la blancheur du visage était en effet un symbole de distinction. Mais que de dégâts sur la peau provoqués par ce pigment dont la toxicité était pourtant connue dès le Moyen-Âge ! Le bâtiment a également fait un large usage du blanc de plomb. En France, le recours à ce pigment pour les logements n'a été interdit qu'en 1948.

Le blanc de plomb est le carbonate basique de plomb ($2PbCO_3.Pb(OH)_2$). Ce composé existe à l'état naturel et porte le nom de céruse (elle se trouve alors souvent mélangée avec de la craie). Le premier procédé de fabrication du blanc de plomb date de l'époque romaine et a servi jusqu'à la fin du XVIIIe siècle : il consistait à exposer pendant plusieurs semaines des feuilles de plomb à des vapeurs de vinaigre (acide acétique) (Figure 2). Il se formait de l'acétate de plomb que l'on transformait en carbonate par réaction avec du dioxyde de carbone (CO_2) exhalé, par exemple, par du fumier. La croûte de blanc de plomb était ensuite séparée du reste du métal, puis broyée et lavée. En 1801, le chimiste français Thénard a remplacé ce procédé fastidieux par un autre, plus simple et compatible avec une exploitation industrielle.

Le triste succès du blanc de plomb s'explique par ses réelles qualités : grâce à son indice de réfraction élevé (2,1), son aspect est lumineux et il possède un fort pouvoir couvrant. Il a en outre des propriétés siccatives : il augmente la vitesse de séchage de l'huile, ce qui est appréciable dans la technique de peinture à l'huile (voir p. 106). En revanche, outre sa nocivité, il a un autre inconvénient : en présence de polluants industriels à base de soufre, il noircit en se transformant en sulfure de plomb noir. D'où la nécessité d'une protection des tableaux par un vernis.

À la fin du XVIIIe siècle, la toxicité du blanc de plomb a poussé plusieurs chimistes, dont de Morveau, à proposer de le substituer par le *blanc de zinc* (ZnO). Inoffensif, le blanc de zinc avait néanmoins des défauts : son coût était quatre fois supérieur à celui du blanc de plomb, son pouvoir couvrant était peu élevé, et il ne possédait pas de propriétés siccatives. Point positif : il ne noircissait pas sous l'effet de polluants industriels, le sulfure de zinc dans lequel il se transforme alors étant blanc. Van Gogh utilisa abondamment le blanc de zinc dans ses œuvres, alors que les impressionnistes l'employèrent par petites touches, plutôt pour éclaircir les couleurs.

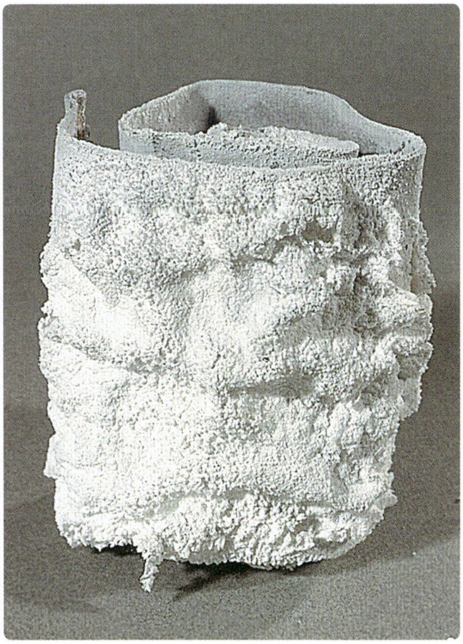

2 Le plus ancien procédé de préparation du blanc de plomb consiste à exposer des feuilles de plomb à des vapeurs de vinaigre.

Terminons ce tour d'horizon des pigments blancs avec le *blanc de titane*, constitué de dioxyde de titane TiO_2. Ce pigment a été très prisé par les peintres dès son apparition en 1919 en raison de ses propriétés remarquables. Son indice de réfraction étant exceptionnellement élevé (~2,6), c'est le plus lumineux de tous les pigments blancs, et il a un pouvoir couvrant élevé. Au Musée national d'art moderne de Paris, on a identifié le blanc de titane dans les œuvres de Picasso, Poliakoff, Pollock, Newman, Miro ou Dubuffet (Figure 3). Son unique défaut : sa réactivité photochimique peut induire des réactions de dégradation du liant (farinage, craquèlement, jaunissement). Pour réduire ces effets, on a mis au point, dans les années 1950, des techniques d'enrobage à base d'alumine ou de silice, ces molécules formant alors comme un bouclier chimique autour des pigments.

Notons que cette réactivité photochimique confère en revanche des propriétés photocatalytiques du plus grand intérêt pour la réalisation de verres autonettoyants et de revêtements pour la dépollution atmosphérique (ces derniers, à base de mélanges de TiO_2 et de ciment, sont capables de détruire les oxydes d'azote provenant de la pollution automobile). Signalons enfin qu'outre les peintures, le blanc de titane entre dans la composition de cosmétiques, matières plastiques, caoutchoucs, fibres synthétiques, papiers et matériaux de construction.

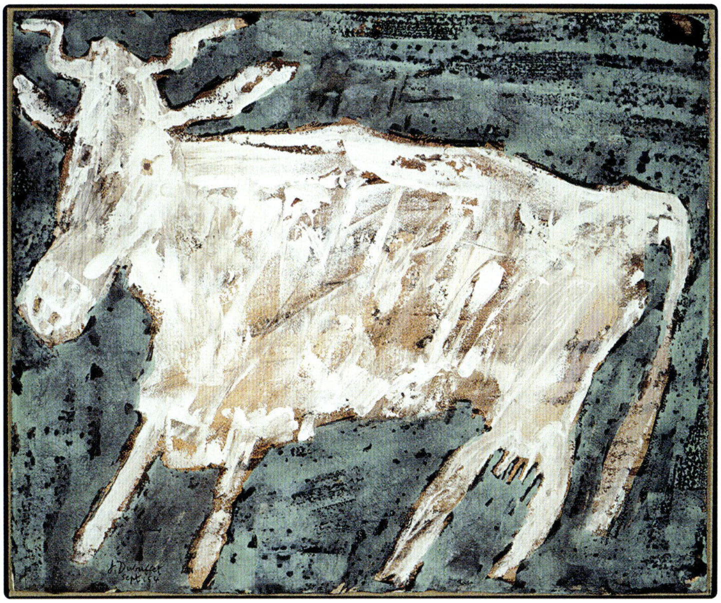

3 Tableau de Jean Dubuffet, *Vache blanche, fond vert* (1954) illustrant l'emploi fréquent du blanc de titane par les peintres modernes.

47 Principes des peintures à l'eau et à l'huile

Les pigments sont toujours dispersés dans un liant

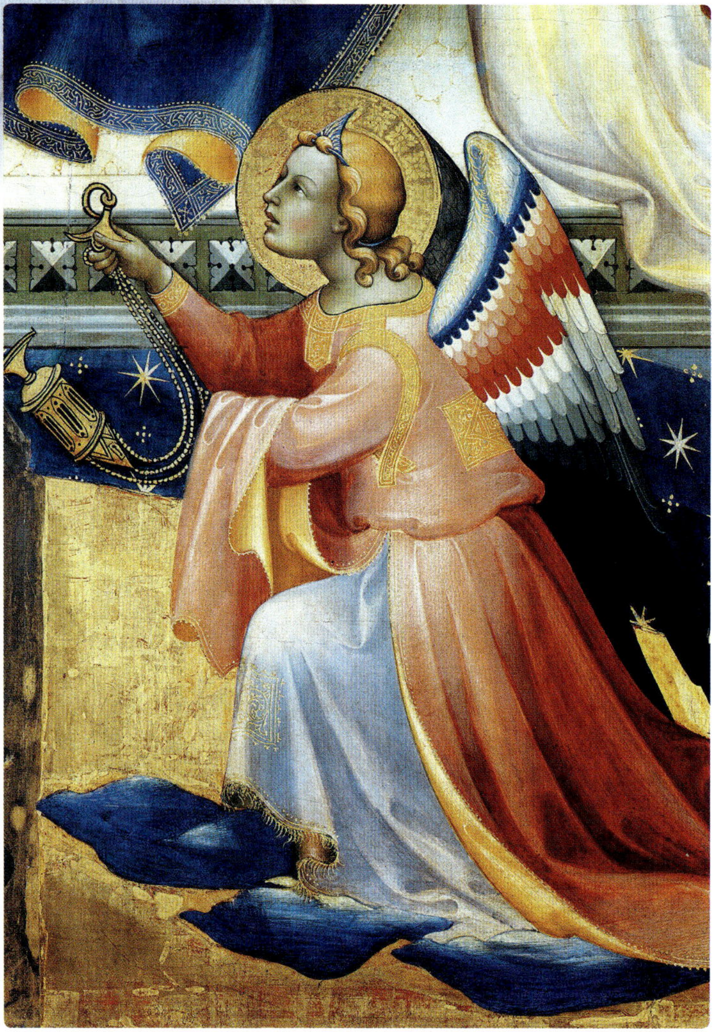

1 **Tableau de Lorenzo Monaco, *Le couronnement de la Vierge* (détail), 1414.** Peinture réalisée sur bois par le procédé *a tempera*.

Contemplez l'étonnante fraîcheur des tableaux des primitifs italiens (Figure 1), peints il y a plus de six cents ans grâce à un procédé à base d'œuf! Admirez les peintures à l'huile des peintres flamands du XVe siècle, dont la beauté doit beaucoup à la technique du glacis (voir section suivante)! Un tel savoir-faire, de la part d'artistes qui ne disposaient d'aucunes connaissance scientifique, suscite étonnement et admiration. Voici un rapide tour d'horizon des procédés d'application de la couleur sur un support, qui ont toutes un point commun: les pigments broyés sont toujours dispersés dans un liant – le plus souvent à base d'eau ou d'huile – auquel on ajoute souvent diverses substances (Figure 2).

Commençons par la technique de la *fresque* (de l'italien *fresco* qui signifie « frais »), employée dès l'Antiquité, qui sert à décorer les murs. On enduit au préalable le mur d'un mortier de chaux préparé avec de l'eau. Les pigments en suspension dans de l'eau sont ensuite étalés sur cette sous-couche: la chaux (qui est de l'hydroxyde de calcium, $Ca(OH)_2$) migre alors à la surface et réagit avec le dioxyde de carbone (CO_2) de l'air, ce qui conduit à la formation de carbonate de calcium ($CaCO_3$) sous la forme d'une croûte de cristaux de calcite. Cette pellicule a deux avantages: elle fixe les pigments et les protège, empêchant leur ternissement.

Examinons maintenant les techniques de peinture sur d'autres supports que des murs: bois, toile, carton, papier. La peinture à l'huile étant détaillée dans la section suivante, nous ne nous pencherons ici que sur la peinture à l'eau. Cette dénomination recouvre en fait diverses techniques dont les plus connues sont l'aquarelle et la gouache. Dans ce cas, on ajoute à l'eau, en plus des pigments, de la gomme arabique (constituée de molécules de sucres solubles dans l'eau). La gomme a un double rôle : assurer la dispersion des pigments et faciliter l'adhérence au support. La quantité ajoutée est faible pour l'aquarelle qui offre ainsi des effets de transparence (Figure 3), alors qu'elle est beaucoup plus importante pour la gouache qui donne de belles couleurs mates et satinées.

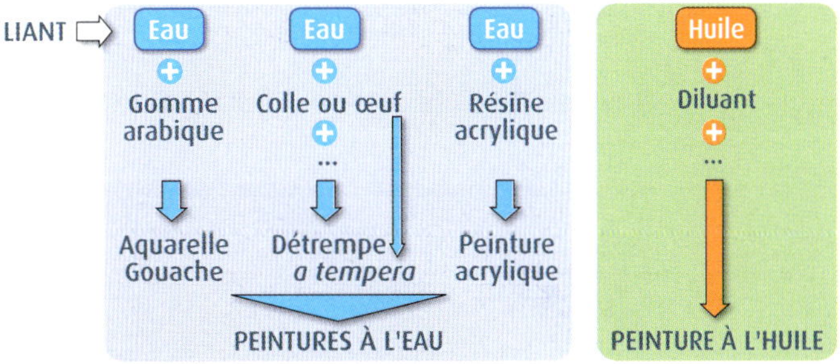

2 Les techniques de peinture se distinguent par la nature du liant (eau ou huile) et des divers ingrédients qui sont ajoutés.

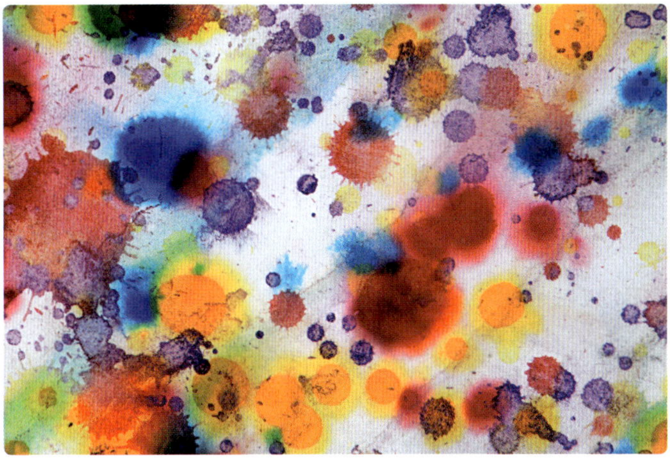

3 Une aquarelle est réalisée à l'aide de pigments dispersés dans l'eau grâce à une faible quantité de gomme arabique.

Après avoir été un simple outil d'esquisse préparatoire pour les œuvres picturales, l'aquarelle devint un procédé à part entière vers la fin du XVIIIe siècle. La gouache, elle, a beaucoup servi au Moyen-Âge pour dessiner les enluminures des manuscrits. Afin d'en améliorer les caractéristiques, les artistes employant l'aquarelle et la gouache mélangeaient à la gomme arabique divers ingrédients : blanc d'œuf, vinaigre, sucre candi, etc. De nos jours, on emploie rationnellement divers composés synthétiques, notamment la glycérine pour augmenter la souplesse de la peinture, et la dextrine pour améliorer son homogénéité.

Lorsque le peintre a ajouté de la colle ou de l'œuf à la gomme, on dit qu'il a fait une détrempe. S'il s'agit plus précisément d'œuf, le procédé est appelé *a tempera* (du latin *temperare*, « détremper »). Pourquoi de l'œuf ? Il contient de la lécithine qui, en entourant les pigments et en évitant qu'ils s'agglomèrent les uns aux autres, stabilise l'émulsion ainsi formée, tout comme elle stabilise une mayonnaise (l'ajout de colle a le même but) ! Comme en gastronomie, il existe une grande variété de recettes qui suivent plus ou moins le procédé *a tempera* : selon les cas, on emploie le jaune d'œuf avec le blanc ou non, et on mêle à la peinture d'autres ingrédients, par exemple une huile et/ou un vernis en émulsion dans l'œuf, parfois un peu de cire, du vinaigre, etc. Le procédé *a tempera* a été largement employé jusqu'au XVe siècle avant d'être supplanté par la peinture à l'huile. Les tons obtenus étant d'une superbe fraîcheur (Figure 1), des peintres modernes, comme Serge Poliakoff et Giorgio De Chirico, ont toutefois renoué avec cette technique.

Au XXe siècle, un nouveau procédé à l'eau a été inventé : il s'agit de la peinture acrylique à base d'émulsions de résines acryliques dans l'eau (voir p. 108).

48 Les secrets de la peinture à l'huile

… jalousement gardés

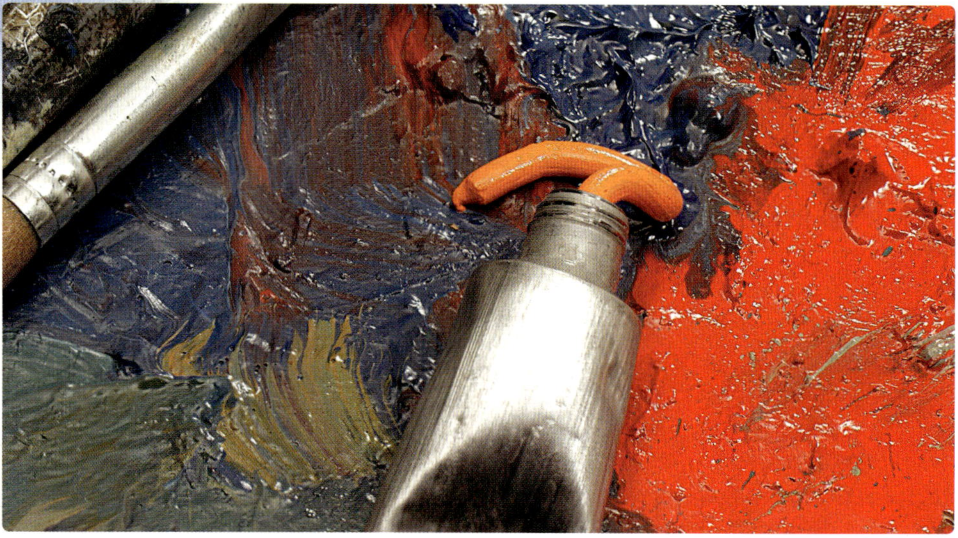

1 Le tube de peinture a été inventé par l'Américain J. Goffe Rand en 1841. La peinture était alors enveloppée dans une feuille d'étain.

Quoi de plus banal de nos jours qu'un tube de peinture (Figure 1) ? C'est l'Américain J. Goffe Rand, qui eut l'idée en 1841 d'utiliser une feuille d'étain comme enveloppe pour conserver la pâte contenant les pigments dispersés dans l'huile. Auparavant, le récipient de la pâte était en vessie de porc. Pas pratique pour peindre en extérieur… Les tubes offraient ainsi la possibilité de peindre hors atelier : une petite révolution ! Les impressionnistes en particulier ne se sont pas privés d'exploiter cet avantage.

Mais remontons le temps un peu plus loin, jusqu'au XVe siècle. La peinture à l'huile connaît alors un essor spectaculaire grâce à une percée technique due aux frères Van Eyck. Contrairement à une idée reçue, les deux frères et peintres ne sont pas les inventeurs de la peinture à l'huile. Avant eux, le procédé était en effet déjà employé, mais comme le disait le moine Théophile, il était «*trop long et trop ennuyeux*» : plusieurs jours étaient nécessaires à la peinture pour sécher (c'est-à-dire pour former un film souple). Pour raccourcir le temps de séchage, la démarche des frères Van Eyck a été de commencer par choisir la plus siccative des huiles : l'huile de lin. Les deux peintres rendaient l'huile de lin encore plus siccative en la cuisant pendant plusieurs heures ; comme elle avait tendance à jaunir, ils l'éclaircissaient en l'exposant au soleil pendant plusieurs semaines, voire davantage. Jusque-là, l'apport des deux frères n'avait rien de révolutionnaire, ces astuces étant répandues à l'époque.

La véritable ingéniosité des Van Eyck a résidé dans le médium (le composant de la peinture qui lui apporte consistance et solidité après séchage) qu'ils ajoutaient à l'huile : leur médium contenait non seulement un diluant (une essence volatile comme l'essence de térébenthine) pour ajuster la consistance de la pâte en vue de l'application sur un support, mais aussi des résines apportant de la solidité à la couche colorée et lui conférant des propriétés optiques particulières. Les frères Van Eyck gardèrent jalousement la composition de leur médium et ce secret n'a toujours pas été percé. Certains pensent que leur recette est à base de baume de térébenthine de Venise, une résine particulièrement bien adaptée à la réalisation des fameux glacis qui ont fait la gloire des peintres flamands (Figure 2).

La chimie moderne explique bien en revanche les premières améliorations apportées par les Van Eyck. Pour un chimiste, l'huile de lin est un mélange de triglycérides possédant trois longues chaînes hydrocarbonées. Grâce aux doubles liaisons que ces chaînes possèdent, des réactions de polymérisation et de réticulation en présence de l'oxygène de l'air se produisent en formant un film résistant et souple. Ces réactions étant favorisées par une élévation de température, on comprend donc pourquoi la méthode ancienne consistait à cuire l'huile de lin en présence d'air (aujourd'hui, pour rendre l'huile encore plus siccative, on ajoute des sels de plomb, de manganèse ou de cobalt, car ces métaux jouent le rôle de catalyseur de certaines réactions intervenant lors du séchage). Quant à l'éclaircissement de l'huile par ensoleillement, elle s'explique facilement: la couleur jaune de l'huile est due aux résidus végétaux qui absorbent dans le violet et le bleu; ainsi, l'irradiation par les UV du Soleil détruit ces résidus (phénomène de photoblanchiment).

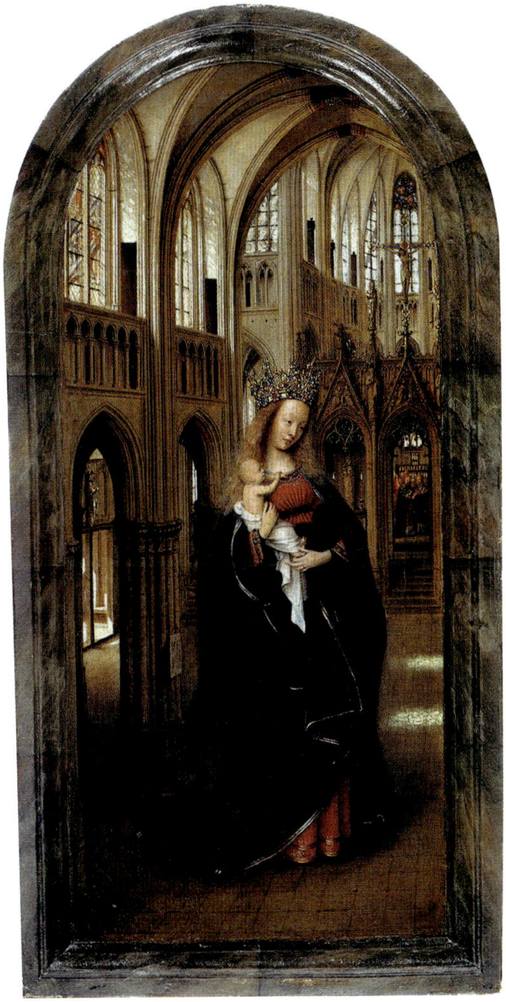

2 **Tableau de Jan Van Eyck, *La Vierge dans l'église*** (vers 1425). Les frères Van Eyck ont révolutionné la peinture à l'huile non seulement par le choix de l'huile de lin cuite et éclaircie, mais aussi par l'addition d'essences et de résines pour réaliser des glacis.

Compte tenu de l'importance des médiums, il convient de préciser qu'ils contiennent d'une part un diluant qui est une essence pauvre en résine (l'essence de térébenthine provenant de la distillation d'aiguilles de pin, ou l'essence d'aspic obtenue par distillation de grandes lavandes), et d'autre part une essence riche en résine (baume de térébenthine « de Venise » issu de la distillation du mélèze, ou Copal, nom aztèque signifiant résine d'arbres). La formulation d'un médium à peindre est tout un art. Voici un exemple de composition. Pour 100 parts de térébenthine: 10 parts de baume (térébenthine de Venise ou copal) et 15 à 20 d'huile de lin cuite et blanchie. Notons que les « vernis à retoucher », qui servent de protection temporaire ou à raviver les couleurs d'une toile, contiennent ces mêmes ingrédients sauf l'huile de lin.

La peinture à l'huile a supplanté la peinture *a tempera* à partir du XVe siècle, et il faudra attendre le XXe siècle pour qu'un nouveau procédé lui fasse concurrence: la peinture acrylique, qui est décrite page suivante.

49 Les peintures acryliques

Une véritable révolution

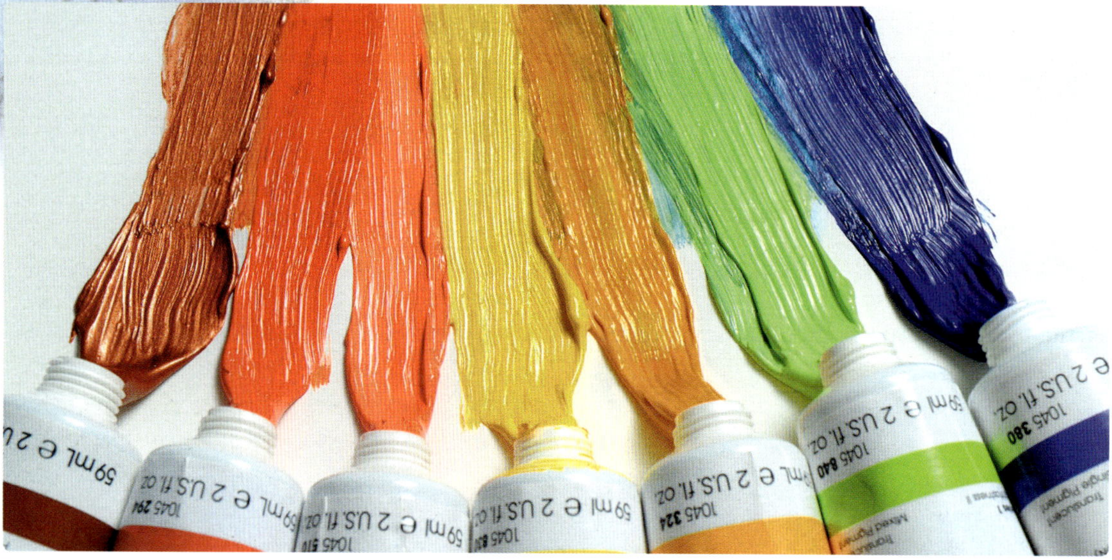

1 Les peintures acryliques sont très prisées des peintres professionnels et amateurs en raison des nombreux avantages qu'elles offrent.

Au milieu du XXe siècle, les chimistes de l'Institut national polytechnique de Mexico inventent les peintures acryliques (Figure 1). Leur mise sur le marché à la fin des années 1950 constitue une révolution : le mot n'est pas trop fort pour parler de l'avènement de ce procédé de peinture, que certains comparent en importance à celui de la peinture à l'huile.

Ces nouvelles peintures sont des émulsions de résines acryliques dans l'eau. Elles présentent donc de fortes analogies avec le procédé de peinture à l'eau *a tempera* (voir p. 104). Les peintures acryliques ont de multiples avantages. Le liant n'est plus de l'huile, mais de l'eau : finies les odeurs de solvants à la fois désagréables et peu recommandées pour la santé ! Et quelle facilité d'utilisation : à partir de produits commerciaux leur offrant déjà la possibilité d'agir sur la transparence, la viscosité et le fini en surface, les artistes peintres modulent les propriétés d'application et de séchage de la peinture par des additifs. Ils peuvent par exemple réaliser un glacis en choisissant judicieusement une résine acrylique qui, en séchant, donnera un film transparent très brillant de rigidité moyenne.

Une couche de peinture acrylique a en outre une très grande élasticité et sa brillance est assez proche de celle d'une peinture à l'huile. La brillance peut être atténuée par adjonction d'un médium. Selon les pigments utilisés, l'artiste réalise des couches couvrantes, semi-transparentes ou transparentes, avec des teintes très nuancées, des couleurs très pures et inaltérables. Pour finir, les peintures acryliques sèchent rapidement, résistent bien au vieillissement, et autorisent l'usage des diverses techniques de peinture (Figure 2).

Les peintures acryliques ont innové sur un autre aspect que la qualité même de la peinture : elles ont élargi la palette des effets accessibles aux peintres. Certaines peintures acryliques sont, par exemple, iridescentes. Destinées à créer des effets lumineux colorés, elles contiennent non seulement des pigments classiques, mais aussi des particules de métal et de mica produisant des reflets nacrés. Ainsi, dans sa dernière œuvre, *Hommage à Rosa Luxemburg* (1992), le peintre canadien Jean-Paul Riopelle a employé des feuillets de micas sur lesquels une mince couche d'oxyde métallique a été déposée (Figure 3).

2 Le tableau de l'artiste américain Morris Louis (1912-1962), *Spawn* (1959-60), a été réalisé avec des peintures acryliques. On distingue les zones où la superposition de couches diluées de pigments conduit à des couleurs par synthèse soustractive.

Il existe également des peintures acryliques fluorescentes, prêtes à l'emploi. Il s'agit le plus souvent de colorants organiques : rhodamines, coumarines, acridines, naphtalimide, etc. Certains peintres emploient exclusivement des pigments fluorescents et éclairent leurs tableaux avec des lampes UV. D'autres mettent en œuvre à la fois des pigments classiques et des pigments fluorescents. Ainsi, à la lumière du jour, ces derniers apparaissent comme particulièrement lumineux pour réaliser des effets particuliers et pour attirer le regard du spectateur vers certaines parties du tableau.

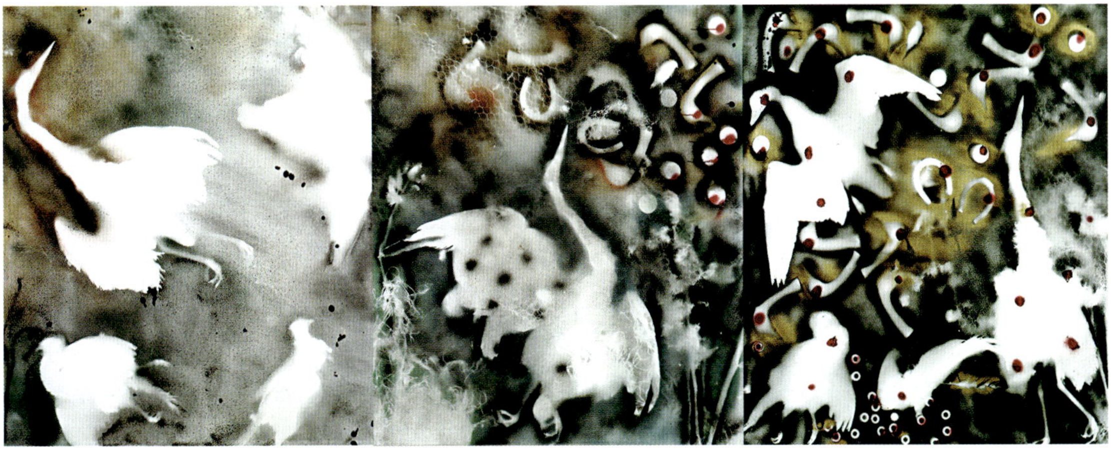

3 Extrait du tableau de Jean-Paul Riopelle, *Hommage à Rosa Luxemburg* (1992). Des couleurs interférentielles sont dues à l'emploi de feuillets de mica recouverts d'une mince couche d'oxyde métallique.

50 Peut-on associer une couleur à un son ?

La physique répond non, mais…

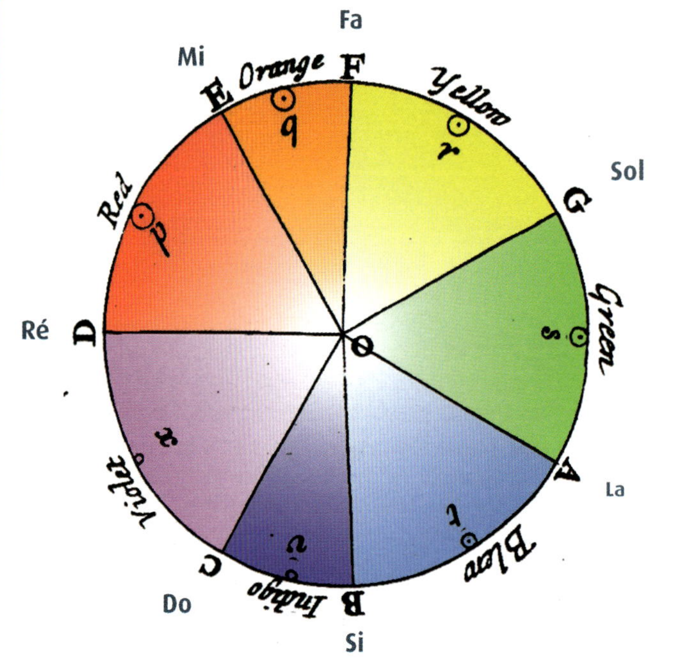

1 Cercle chromatique de Newton paru dans son ouvrage *Opticks* (1704). Les couleurs (dont les noms sont donnés en latin) ont été ajoutées, ainsi que la signification des lettres A, B, C, D, E, F, G qui correspondent en français aux notes la, si, do, ré, mi, fa, sol.

On vous a peut-être appris que l'arc-en-ciel comportait sept couleurs : violet, indigo, bleu, vert, jaune, orangé, rouge. En réalité, il est impossible d'y isoler des couleurs précises (voir p. 72). C'est Newton qui est le responsable de cette idée reçue : il s'était efforcé d'établir une analogie entre les couleurs et les sept notes de la gamme diatonique : do, ré, mi, fa, sol, la, si (Figure 1). Il se fondait pour cela sur les largeurs des bandes colorées que produit la décomposition de la lumière blanche du Soleil par un prisme : il les mettait en correspondance avec la longueur des cordes vibrantes capables d'émettre les notes de la gamme diatonique.

Pourquoi Newton s'est-il aventuré à ce type de rapprochement vaseux ? À la fin de sa vie, sa volonté d'être en accord avec la cohérence de la création et l'harmonie du monde l'a emporté… au détriment de la rigueur scientifique. C'est particulièrement vrai pour l'indigo : il l'a introduit dans sa liste de couleurs pour que celle-ci s'élève à sept. Newton était très influencé par la symbolique de ce chiffre rencontré fréquemment dans l'histoire et la religion.

Une cinquantaine d'années après la mort du savant anglais, l'idée d'un parallèle entre couleur et son réapparaîtra sous la plume d'Euler. Le célèbre mathématicien et physicien suisse émet une hypothèse audacieuse dans une de ses *Lettres à une princesse d'Allemagne* (1768-1772) : selon lui, on peut attribuer un nombre de vibrations par seconde, donc une fréquence, aussi bien à une note de musique qu'à une couleur. Cela sous-entend que la lumière est de nature vibratoire, autrement dit qu'elle est onde. Young confirmera cette idée avec sa fameuse expérience de fentes et sera le premier, en 1802, à calculer les fréquences correspondant à chaque couleur. Il égratignera au passage l'analogie couleurs-notes de musique de Newton en la qualifiant de « purement imaginaire ».

Mais au fait, compte tenu de nos connaissances actuelles, doit-on vraiment écarter d'un revers de main l'idée de Newton ? Du point de vue des fréquences des ondes, oui, aucun pont ne peut être jeté entre les sons et des couleurs : il n'y a pas de recouvrement entre les domaines de fréquences des sons audibles par l'oreille humaine (de 20 à 20 000 hertz) et des ondes lumineuses visibles par l'œil humain (400 mille milliards à 800 mille milliards de hertz). Il n'y a pas non plus recouvrement des domaines de longueurs d'onde : de 1,7 cm à 17 m pour les ondes sonores dans l'air, et de 400 à 700 nm pour la lumière.

Peut-on passer d'un domaine de fréquences à l'autre par un facteur multiplicatif ? Non plus. Un intervalle d'une octave correspond au doublement de la fréquence. Or le domaine de fréquences de la lumière visible s'étend sur moins d'une octave alors que les fréquences sonores couvrent plus de 10 octaves !

Dernier aspect du problème : sur le plan physiologique, l'œil n'a pas la capacité de distinguer les diverses longueurs d'onde constitutives de la lumière qu'il reçoit. En revanche, notre oreille est capable de reconnaître plusieurs notes dans un accord, c'est-à-dire de distinguer un son pur (une seule fréquence) d'un son complexe (plusieurs fréquences). Pour toutes ces raisons, la correspondance entre sons et couleurs est impossible sur des bases rationnelles. Et pourtant...

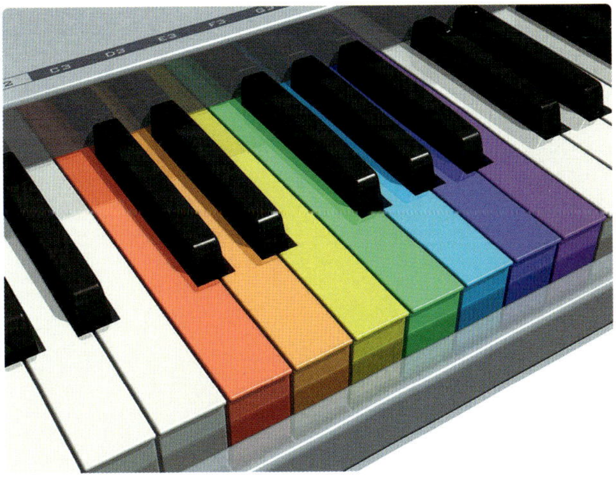

2 Les correspondances entre notes de musique et couleurs ne peuvent être que subjectives. Pourtant, de nombreuses propositions ont été faites. La majorité d'entre elles associe les notes et les couleurs dans le même ordre de fréquences, c'est-à-dire dans l'ordre des fréquences croissantes du rouge au violet et du do au si.

Certaines personnes ont une sensation de couleurs lorsqu'elles perçoivent un son (voir p. suivante). En outre, Newton a fait des adeptes : nombreuses ont été les propositions de correspondances entre couleurs et notes de la gamme sur des bases entièrement subjectives. Une préférence se dégage pour l'association des notes de la gamme diatonique ascendante (do, ré, mi, fa, etc.) aux couleurs spectrales, dans l'ordre des longueurs d'onde décroissantes (Figure 2), donc des fréquences croissantes. Dans cette perspective, divers instruments à clavier ont été créés pour produire simultanément des couleurs et des sons, ainsi que des appareils commandant des spots lumineux destinés à accompagner des œuvres musicales (Figure 3).

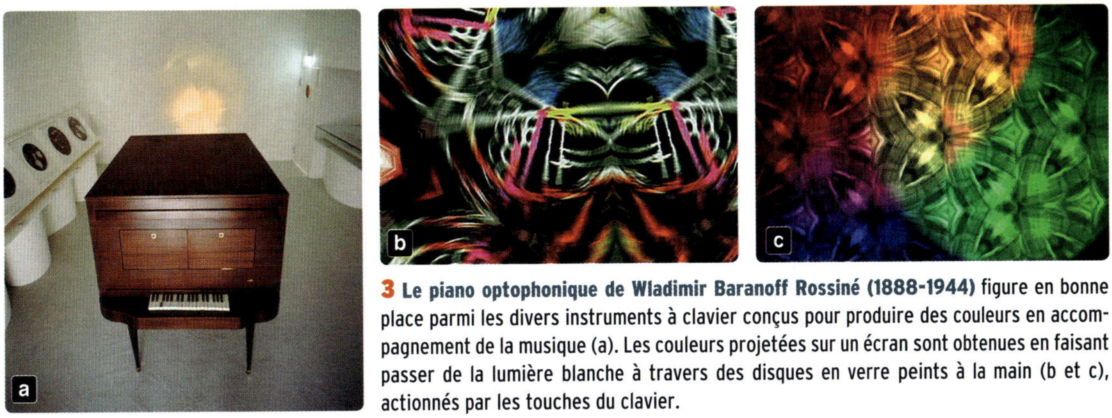

3 Le piano optophonique de Wladimir Baranoff Rossiné (1888-1944) figure en bonne place parmi les divers instruments à clavier conçus pour produire des couleurs en accompagnement de la musique (a). Les couleurs projetées sur un écran sont obtenues en faisant passer de la lumière blanche à travers des disques en verre peints à la main (b et c), actionnés par les touches du clavier.

51 Entendre en couleurs

De l'audition colorée à l'art

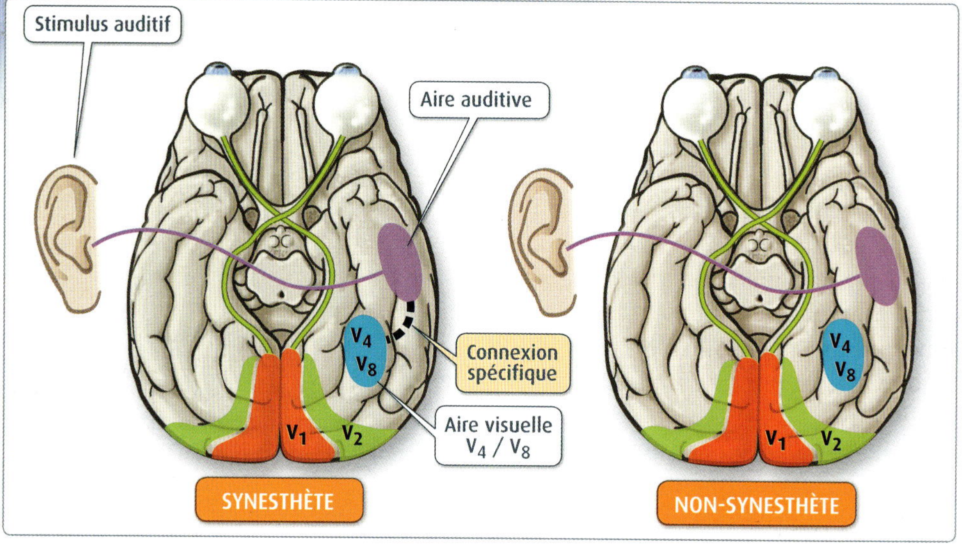

1 Chez les personnes qui ont des sensations de couleurs en percevant des sons (cas particulier de synesthésie), l'imagerie par résonance magnétique fonctionnelle montre qu'il y aurait une connexion entre l'aire auditive et les aires visuelles V_4(couleurs)/V_8.

Si vous voyez des couleurs en entendant des sons, en regardant un chiffre imprimé en noir, ou encore en sentant une odeur, alors vous faites partie du cercle très fermé des *synesthètes*. Cette affection, qui se manifeste par une sorte de mélange d'informations sensorielles, touche une personne sur 2 000 environ, dont six fois plus de femmes que d'hommes. La *synesthésie* fait actuellement l'objet d'études approfondies par des chercheurs en neurosciences, à l'aide de l'imagerie par résonance magnétique fonctionnelle qui permet de visualiser les zones d'activité du cerveau. Ainsi, une connexion entre aire auditive et aire visuelle pourrait être à l'origine de ce syndrome chez les personnes qui ont des sensations de couleurs en percevant des sons (Figure 1). Le médecin bavarois Sachs avait baptisé « audition colorée », au XIXe siècle, cette sous-catégorie de la synesthésie, mais le terme médical approprié est la *synopsie*.

La synopsie est la preuve qu'il peut exister une réalité physiologique à la correspondance entre couleurs et sons. Est-ce un indice qui tendrait à prouver que l'évocation artistique simultanée des couleurs et des sons a une base neuronale ? Impossible de l'affirmer. Toujours est-il que ces correspondances ont inspiré quantité de poètes, peintres et musiciens, qu'ils soient synesthètes ou non. Commençons par les poètes :

« *A noir, E blanc, I rouge, U vert, O bleu, …* » (Rimbaud) ;
« *Les parfums, les couleurs et les sons se répondent…* » (Baudelaire) ;
« *Et j'ai trouvé des mots vermeils*

Pour peindre la couleur des roses » (Théodore de Banville) ;

« *Les sons en jaillissaient bleus et rouges* » (Théophile Gauthier).

Contrairement à des idées reçues, ni Rimbaud, ni Baudelaire n'étaient synesthètes. En revanche, parmi les peintres qui ont puisé leur inspiration dans la musique, Kandinsky et Blanc-Gatti l'étaient. Kandinsky affirmait qu'il pouvait associer les couleurs à des instruments précis : jaune pour la trompette, orange pour l'alto, rouge pour le tuba, etc. Dans nombre de ses œuvres, il a cherché à exprimer les intimes relations qu'il percevait entre couleurs et sons. La musique de Schoenberg, avec qui Kandinsky échangeait fréquemment ses points de vue sur l'art, l'inspirait particulièrement (Figure 2).

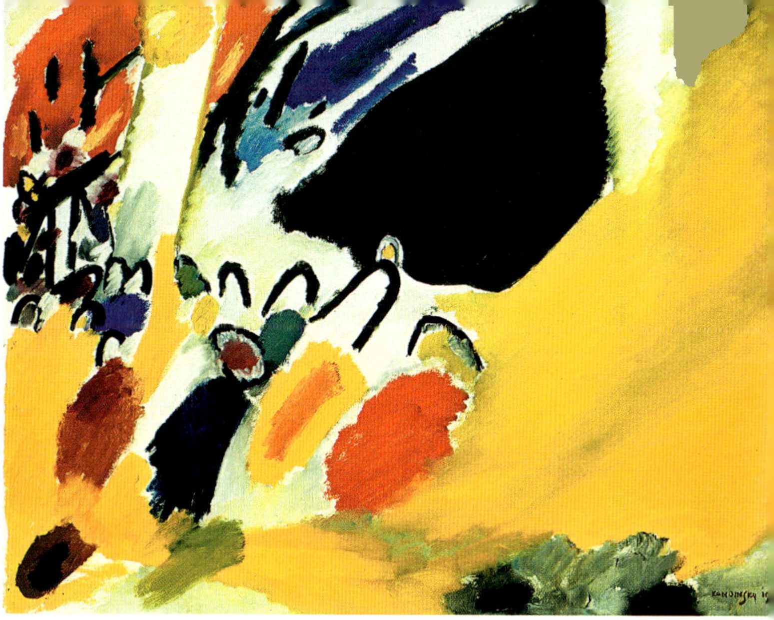

2 ***Impression III (Konzert)*** de Wassily Kandinsky qui peignit ce tableau juste après avoir assisté à un concert de Schoenberg en janvier 1911.

Quant à Blanc-Gatti (1890-1966), qualifié de « peintre des sons », il est injustement méconnu. Il fonda en 1932, avec Valensi, Bourgogne et Stracquadaini, le groupe des « artistes musicalistes ». Ses tableaux portent souvent le nom d'œuvres musicales : *Rêve d'amour* de Liszt, *Sheherazade* de Rimsky-Korsakoff, *Adagio de la Sonate au Clair de lune* de Beethoven, etc. Dépassant le cadre de la peinture, sa démarche « synesthésique » le conduit à des réalisations dans les domaines scénique, publicitaire et cinématographique. En particulier, il réalisa en 1939 un film, *Chromophony*, dans lequel il appliqua ses théories, à partir d'une de ses toiles, intitulée *L'Orchestre*, en ayant choisi comme musique *L'Entrée des gladiateurs* de Julius Fucik.

Les correspondances entre musique et couleurs ont préoccupé divers compositeurs comme Scriabine (qui était synesthète), Schoenberg et Messiaen. Aussi bien dans *Prométhée ou le Poème du Feu* de Scriabine que dans *La Main heureuse* de Schoenberg, des lumières colorées doivent être projetées pendant l'exécution de ces œuvres. Messiaen a poussé à l'extrême l'analyse des rapports entre sons et couleurs en musique. Pour lui, « *La musique est un perpétuel dialogue entre l'espace et le temps, entre le son et la couleur…* ».

Pour conclure cette partie sur les couleurs et les sons, remarquons que les mots ton, tonalité, accords, nuances, harmonie, gammes, etc. sont employés aussi bien dans le vocabulaire musical que dans celui des couleurs. Le mot chromatisme (qui, rappelons-le, vient du grec *chroma*, « la couleur ») sert tant en musique (gamme chromatique) qu'en peinture (cercle chromatique). La gamme chromatique est constituée de douze notes, et le cercle chromatique établi par le peintre Johannes Itten comporte douze couleurs (voir Fig. 1, p. 114) … !

L'essence originelle de la couleur est une résonance de rêve,
une lumière devenue musique.
JOHANNES ITTEN

Conclusion

Ce que disent les couleurs

Les couleurs ne sont pas seulement les exploits de la lumière,
ce sont toujours aussi des exploits du moi. Nous ornons le monde avec elles
et nous le faisons pour nous.

Goethe

Au terme de ce voyage dans un monde en couleurs, dont le fil rouge est l'explication des phénomènes colorés qui naissent du dialogue entre lumière et matière, il est incontournable d'évoquer la dimension humaine de la couleur, c'est-à-dire son implication dans le langage, son caractère symbolique, son rôle dans notre société, nos coutumes, nos conventions, nos croyances, etc. Quelques-uns de ces aspects seront succinctement décrits en guise de conclusion de ce livre… et d'introduction aux ouvrages relevant des sciences humaines qui leur sont consacrés (voir la bibliographie p. 126).

Examinons tout d'abord la question du nombre de couleurs « fondamentales » en essayant de dépasser le cadre strict de la physique. Rappelons que Newton avait arbitrairement fixé ce nombre à sept sur la base de l'importance symbolique de ce chiffre (voir p. 73 et 110). Le peintre Johannes Itten, lui, avait conçu un cercle chromatique comportant douze couleurs (Figure 1), résultat de l'addition de trois couleurs primaires, trois secondaires (complémentaire des précédentes) et six couleurs tertiaires (fruit de la combinaison d'une couleur primaire et d'une couleur secondaire).

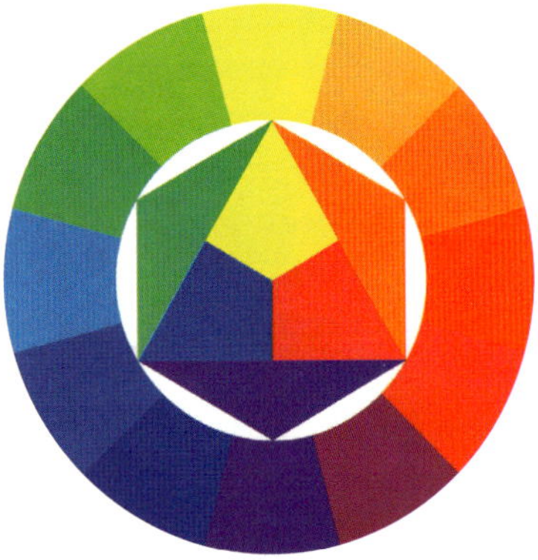

1 Les douze couleurs du cercle chromatique du peintre, selon Johannes Itten: trois couleurs primaires (rouge, bleu, jaune, représentées au centre), trois couleurs secondaires ou complémentaires (résultant de la combinaison deux à deux des couleurs primaires, représentées accolées au triangle tricolore central), et six couleurs tertiaires (résultant de la combinaison des primaires et des secondaires).

Le noir et le blanc ne figurent pas sur ce cercle alors que les peintres les utilisent dans leur palette. Doivent-ils être considérés comme des couleurs fondamentales ? La question a fait débat à de nombreuses reprises. Les travaux de Newton sur les prismes lui ont permis de prouver que le blanc et le noir n'étaient pas des couleurs, alors que depuis Aristote jusqu'au XVIIe siècle on les considérait comme telles. En peinture, le noir brille souvent... par son absence et est bien moins employé que le blanc. Il était même considéré par Delacroix comme « *l'ennemi de toute peinture* ». Il existe cependant des exceptions notoires à cette réticence vis-à-vis du noir, comme le grand peintre contemporain Pierre Soulages.

En revanche, pour les anthropologues, les ethnologues, les sociologues, les linguistes et les historiens, le blanc et le noir sont des couleurs à part entière. En fait, bien que le recensement des couleurs fondamentales fasse encore l'objet de débats, la majorité des anthropologues contemporains adopte une classification en onze grandes catégories de couleurs, considérées comme universelles et communes à tous les êtres humains : blanc, noir, rouge, vert, jaune, bleu, brun (marron), violet, rose, orange, gris (Figure 2). Toutefois, leur importance n'est pas égale et il est opportun de les classer selon leur ordre d'apparition dans une langue donnée (Figure 3).

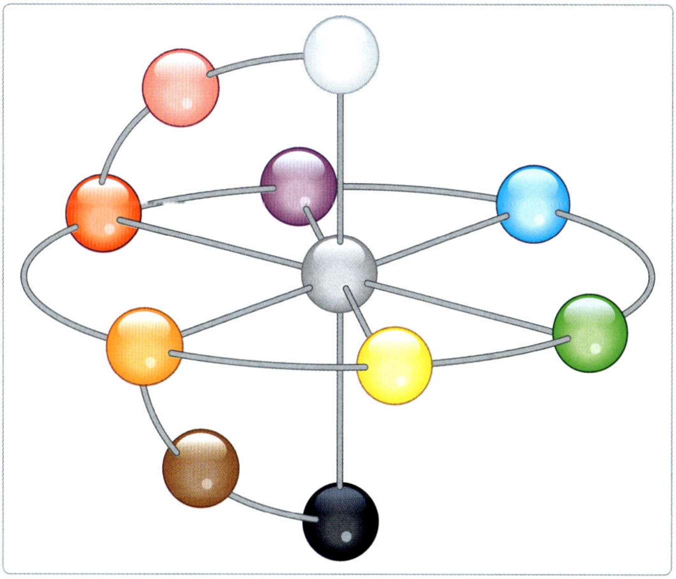

2 Les onze catégories de couleurs « fondamentales » reconnues par la plupart des anthropologues. La disposition des couleurs (réalisée par l'auteur) est telle que les trois couleurs primaires rouge, bleu, jaune soient diamétralement opposées à leur couleur complémentaire (vert, orangé, violet). Ces six couleurs apparaissent ainsi dans l'ordre de leur longueur d'onde correspondante et sont qualifiées de pures. L'axe vertical va du blanc au noir conformément à l'axe de la clarté des systèmes colorimétriques. Une diminution de la clarté de la couleur orange conduit au brun, et une augmentation de celle du rouge donne du rose.

Pour l'historien Michel Pastoureau, il existe en fait six couleurs fondamentales, à savoir les six premières couleurs du classement précédent : blanc, noir, rouge, vert, jaune, bleu. Les cinq autres ne sont, selon lui, que des « demi-couleurs ». Il justifie cette séparation par l'absence de référence dans la nature pour les six couleurs fondamentales, alors que – le gris étant mis à part – les quatre demi-couleurs, le marron (brun), le rose, le violet et l'orange doivent leur nom à un fruit ou une fleur. Ces noms ont été introduits plus tardivement pour incarner d'autres symboles que ceux qu'expriment les six couleurs de base.

Au-delà de ces onze couleurs – disons « primordiales », afin de s'affranchir d'une certaine ambiguïté du terme « fondamental » –, il existe une extraordinaire diversité de nuances que nous percevons et que nous décrivons au plan esthétique, mais sans leur accorder une signification symbolique. Comment le langage permet-il d'exprimer ces nuances ? Ce sujet relève de la linguistique ; diverses combinaisons lexicales consistent en effet à :

• ajouter au terme de couleur (bleu, rouge, vert, brun, rose, etc.) un adjectif (clair, foncé, profond, sombre, éclatant, pâle, vif, etc.) qui exprime qualitativement ce que

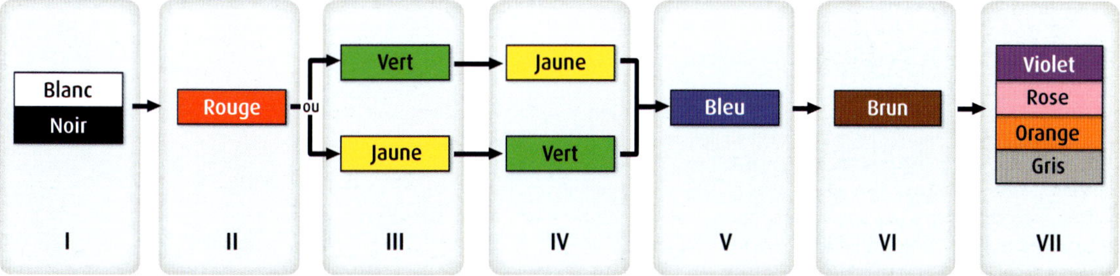

3 Les onze couleurs fondamentales classées par Brent Berlin et Paul Klay (*Basic Colour Terms, Their Universality and Evolution*, 1969) en sept stades correspondant à l'ordre chronologique dans lequel elles apparaîtraient dans une langue donnée. Seules les cultures les plus « évoluées » auraient parcouru les sept stades. Si les deux premiers stades ne suscitent pas de doute, les suivants font l'objet de controverses.

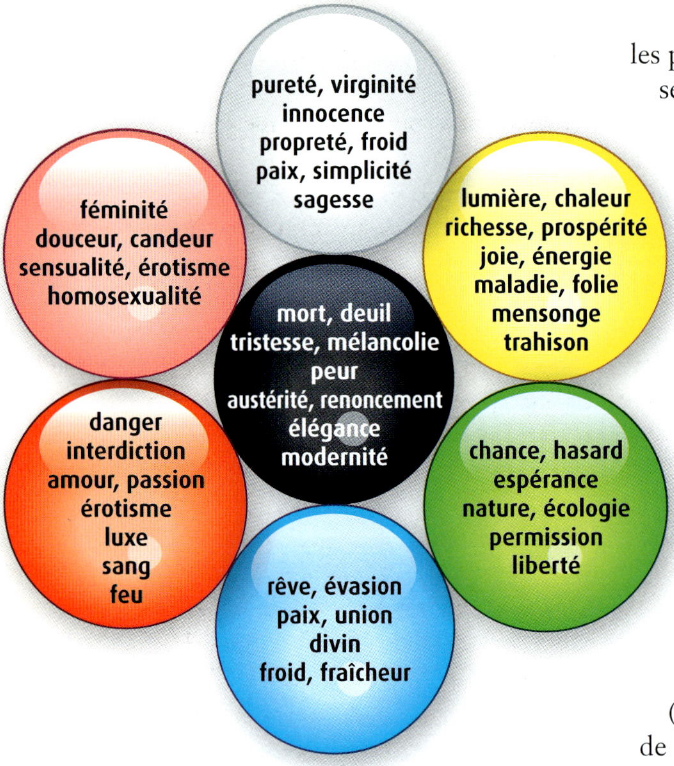

4 Mots-clés de l'évocation des couleurs dans la société occidentale contemporaine.

les paramètres clarté et saturation caractérisent quantitativement (voir p. 13).

• combiner deux termes de couleur pour exprimer des couleurs intermédiaires : bleu-vert, jaune-orangé, jaune-vert, rouge-pourpre, etc.

• modifier la terminaison d'un terme de couleur : verdâtre, jaunâtre, bleuté, etc.

• ajouter au terme de couleur un référent : bleu marine, bleu ciel, bleu pervenche, bleu saphir, rouge rubis, vert émeraude, vert pomme, rouge coquelicot, rouge sang, jaune citron, gris perle, etc. Dans ces exemples, le référent est un nom commun, mais il peut être également un nom propre : nom de ville (bleu de Sèvres, bleu de Chartres, bleu de Delft), d'un pays (bleu de Prusse, bleu de Chine, rose Bengale), de peintre (vert Véronèse, bleu Nattier, bleu Klein), d'époque (vert Empire), etc.

Quittons la description des nuances et penchons-nous sur les locutions et expressions colorées qui reflètent les relations que nous entretenons avec les couleurs. Elles visent à

• exprimer nos états d'âme : voir tout en noir, broyer du noir, voir la vie en rose, etc. ;

• décrire nos actions : se fâcher tout rouge, entrer dans une colère noire, se mettre au vert, travailler au noir, donner carte blanche, tirer à boulets rouges, en faire voir de toutes les couleurs, etc. ;

• qualifier certaines situations : avoir une peur bleue, voir rouge, faire grise mine, rire jaune, avoir la main verte, être marron, être vert de rage, vert de peur, rouge de honte, rose de plaisir, blanc comme un linge, blanc comme neige, etc.

Par ailleurs, les couleurs sont souvent associées à des mots comme adjectifs non pas pour exprimer une nuance, mais pour conférer à ce mot un sens particulier : liste rouge, nuit blanche, mariage blanc, bulletin blanc, ballets roses, messagerie rose, cordon bleu, humour noir, alerte orange, alerte rouge, fil rouge, caisse noire, langue verte, steak bleu…

Toutes ces expressions touchent aux symboles et aux codes des couleurs qui méritent une attention particulière. Il convient de souligner que le caractère symbolique d'une couleur, son code d'usage et l'engouement dont elle fait l'objet varient d'une société à l'autre, et pour une société donnée, changent selon les époques. À titre d'exemple, prenons le bleu qui est la couleur préférée des Occidentaux : l'Union européenne, le Conseil de l'Europe, l'ONU ont choisi le bleu pour leur emblème. Pourtant, cette couleur était peu prisée par les peuples de l'Antiquité, et les Romains la jugeaient même dévalorisante : c'était la couleur des Barbares et il était mal vu d'avoir les yeux bleus, aussi bien pour les femmes que pour les hommes ! À partir du XIIe siècle, le bleu apparaît de plus en plus dans la vie quotidienne, en particulier dans l'habillement. Il devient un enjeu religieux : la Vierge est habillée de bleu, les vitraux abondent de cette couleur (d'où le nom de bleu de Chartes, en fait du bleu de cobalt). Les premiers rois à s'habiller de bleu sont Philippe-Auguste et son petit-fils Saint-Louis. Les hauts personnages adoptent également le bleu qui deviendra ainsi progressivement à la mode et ne cessera d'occuper une place importante dans l'habillement. De nos jours, le blazer et l'indémodable blue-jeans en sont les témoignages quotidiens. Des analyses de ce type pourraient être menées pour toutes les autres couleurs. Elles sont l'objet de divers livres (cités dans la bibliographie) auquel le lecteur intéressé pourra se référer.

Au quotidien, les couleurs de nos vêtements, des tissus de notre environnement (rideaux, tapis, nappes, coussins, etc.), ainsi que celles des objets de la vie courante, sont l'expression de notre goût personnel qui est influencé par tout un contexte socio-culturel dans lequel nous sommes immergés (la figure 4 recense quelques mots-clés qu'expriment les couleurs dans notre société). « *C'est la société qui « fait » la couleur, qui lui donne sa définition et son sens, qui construit ses codes et ses valeurs, qui organise ses pratiques et définit ses enjeux.* », a écrit avec raison Michel Pastoureau.

Le secret le plus profond et le plus essentiel de l'action des couleurs demeure invisible même pour l'œil et ne peut être contemplé que par le cœur.

Johannes Itten

Glossaire

Absorbance. Caractérise l'efficacité avec laquelle la lumière est absorbée à la longueur d'onde λ par un milieu absorbant. L'absorbance $A(\lambda)$ est définie par

$$A(\lambda) = \log \frac{I_\lambda^0}{I_\lambda}$$

où I_λ^0 et I_λ sont respectivement les intensités lumineuses des faisceaux incident et transmis.
Dans de nombreux cas, l'absorbance d'un échantillon est proportionnelle à la concentration de substance absorbante (colorant par exemple) selon la loi de *Beer-Lambert*:

$$A(\lambda) = \varepsilon(\lambda)\, \ell\, c$$

où $\varepsilon(\lambda)$ est le *coefficient d'absorption molaire* (exprimé en $L.mol^{-1}.cm^{-1}$), c est la concentration (en $mol.L^{-1}$) de la substance et ℓ est l'épaisseur du milieu absorbant (en cm).
Si, contrairement à la loi de *Beer-Lambert*, l'absorbance ne varie pas linéairement avec la concentration, la formation d'agrégats, ou la présence de plusieurs espèces absorbantes, peuvent être invoquées.

Anthocyanes: voir Flavonoïdes.

Caroténoïdes. Pigments végétaux de couleurs jaune et orangée. On distingue les carotènes et les xanthophylles. Les premiers ne sont constitués que d'atomes de carbone et d'hydrogène. Le β-carotène en particulier absorbe les radiations lumineuses jusqu'à environ 530 nm, d'où sa couleur orangée.

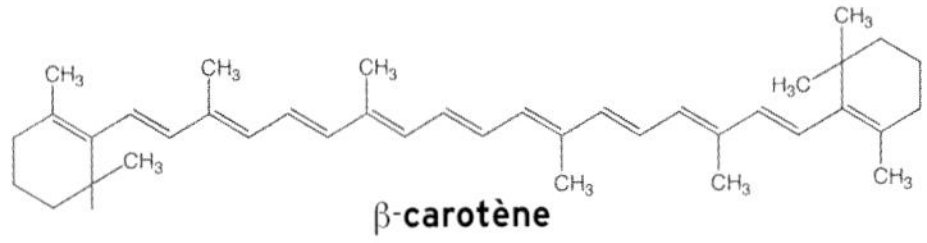

β-carotène

Les xanthophylles possèdent en outre des atomes d'oxygène. La lutéine en est un exemple.

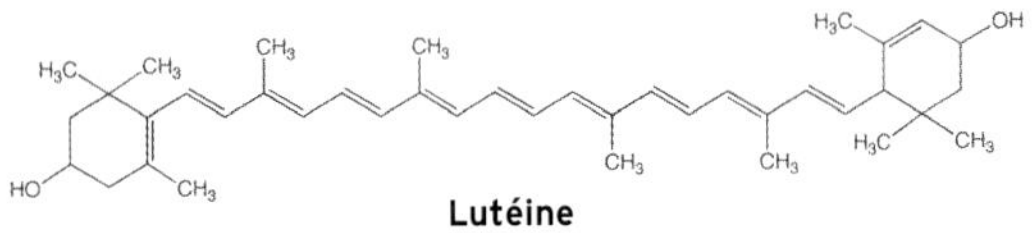

Lutéine

Catalyseur. Substance qui accélère une réaction chimique.

Chitine. Polysaccharide dont le motif répétitif est un groupe acétylglucosamine. C'est l'un des principaux constituants de la cuticule des insectes et des arthropodes (en particulier les crustacés).

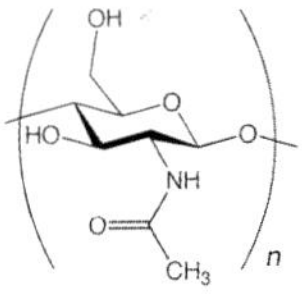

Chitine

Chlorophylles. Composés qui possèdent une partie organométallique (du type porphyrine avec un atome de magnésium au centre) sur laquelle est greffée une longue chaîne à 20 atomes de carbone (Figure 1). Les chlorophylles existent principalement sous deux formes *a* et *b* qui ont des structures très voisines: elles se distinguent par un seul substituant: méthyle pour la première, aldéhyde pour la seconde.

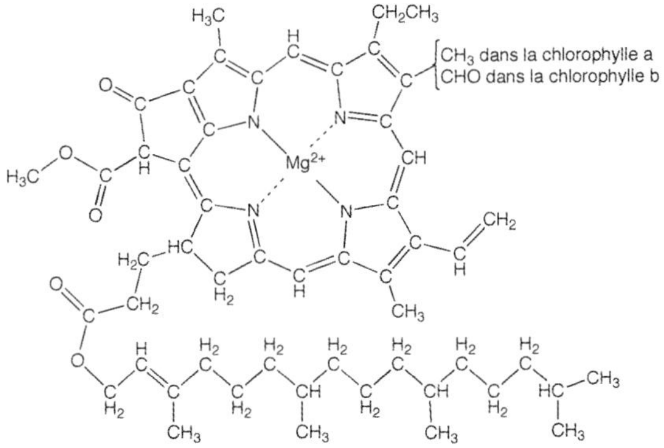

1. Formules des chlorophylles *a* et *b*.

Chromaticité. Couple de grandeurs caractérisant un stimulus de couleur (en général ces grandeurs évaluent la teinte et la saturation) indépendamment de la clarté (ou de la luminance).

Clarté. Grandeur sans unité dont la valeur est comprise entre 0 à 100. Elle caractérise l'intensité relative de la lumière provenant d'une zone colorée par rapport à celle provenant d'une zone blanche éclairée de la même manière. La clarté est le paramètre L* de l'espace colorimétrique CIE L*a*b* (Voir Espaces chromatiques). Ne pas confondre avec Luminance et Luminosité.

Colorant. Substance colorée naturelle ou synthétique, soluble dans le milieu où elle est dispersée.

Colorimétrie. Théories et protocoles opératoires visant à mesurer et codifier les couleurs perçues par la vision humaine.

Complexation. Processus qui conduit à la formation d'un complexe.

Complexe. Édifice polyatomique constitué d'un ion métallique central auquel sont liés des ions ou des molécules, appelés ligands. Ces derniers possèdent au moins un doublet d'électrons libres.

Composés flavoniques: voir Flavonoïdes.

Cristaux liquides. État de la matière intermédiaire entre un liquide et un solide cristallin. Les cristaux liquides sont constitués de molécules organiques allongées dont l'orientation dans l'espace est ordonnée mais dont les positions des centres de gravité sont totalement ou partiellement désordonnées.
Dans le cas particulier des *cristaux liquides cholestériques*, les molécules sont réparties dans des plans parallèles et équidistants sur lesquels leur direction est commune. D'un plan au suivant l'axe des molécules tourne d'un angle constant en décrivant une hélice (Figure 2). Si le pas de l'hélice est de l'ordre de grandeur des longueurs d'onde de la lumière visible, il s'ensuit une réflexion de cette dernière à certaines longueurs d'onde, d'où un aspect coloré.

Le pas de l'hélice, et donc la couleur de la lumière réfléchie dépend de la température.

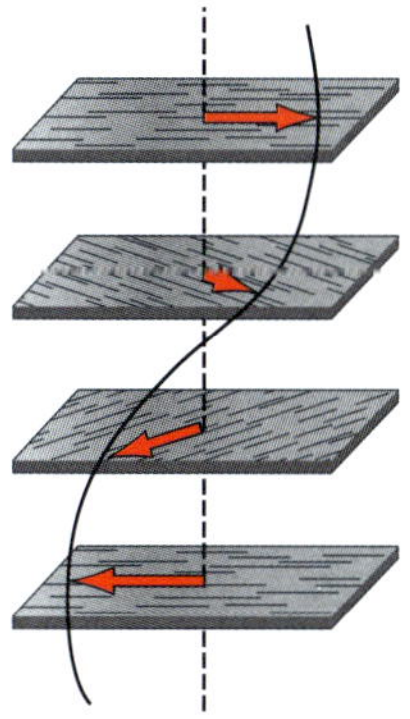

2. Structure des cristaux liquides cholestériques.

Cyan. Mot qui vient du grec *kuanos* désignant une couleur intermédiaire entre le bleu, le vert et le noir. Le mot cyanure, poison bien connu, a la même racine.

Diagramme de chromaticité. Diagramme plan dans lequel les points spécifiés par leurs coordonnées représentent les chromaticités des stimulus de couleur (Voir Espaces chromatiques).

Diffraction. Le phénomène de diffraction est observé quand une onde rencontre un obstacle dont la largeur est de l'ordre de grandeur de la longueur d'onde λ de cette onde : l'onde subit un changement de direction de propagation, sans modification de λ. Dans le cas particulier des ondes lumineuses, lorsqu'on éclaire un écran percé d'une fente fine avec une source ponctuelle de lumière blanche, la tache lumineuse qui apparaît à l'arrière de l'écran n'est pas nette : elle est constituée de franges irisées de part et d'autre de la tache centrale. Si au lieu d'une seule fente fine, l'écran est percé d'un grand nombre de fentes fines, le phénomène d'interférences conduit à l'observation de franges alternativement sombres et lumineuses. Les surfaces réfléchissantes possédant une périodicité spatiale constituent des réseaux de diffraction par réflexion.

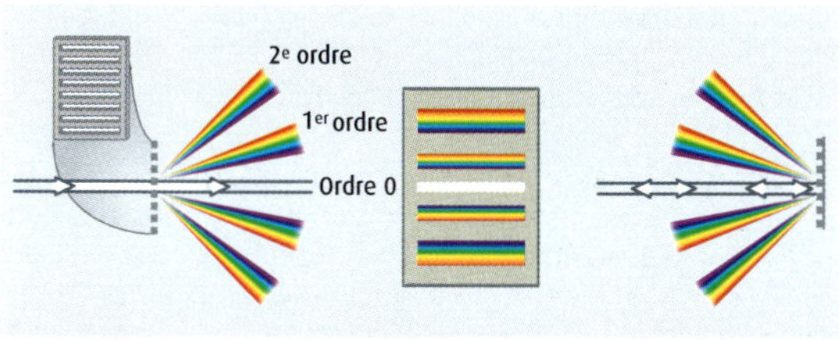

3. Réseau de diffraction par transmission (à gauche) et par réflexion (à droite)

Diffusion de la lumière. Lorsqu'un faisceau lumineux se propage dans un milieu transparent contenant de fines particules, une partie est déviée dans toutes les directions. C'est le phénomène de *diffusion* de la lumière.
Si les particules sont plus petites que le dixième de la longueur d'onde (c'est le cas des molécules en particulier), Lord Rayleigh montra, au XIXe siècle, que l'efficacité de ce phénomène est d'autant plus grande que la longueur d'onde est petite : la lumière bleue est ainsi plus efficacement diffusée que la lumière rouge d'un facteur 10 environ (Figure 4). Ce phénomène est appelé *diffusion Rayleigh*.
Lorsque la taille des particules est supérieure au dixième de la longueur d'onde, la théorie de Rayleigh ne s'applique plus, et c'est la théorie de Mie qui prend le relais (théorie élaborée par Gustav Mie en 1908). Contrairement à la diffusion Rayleigh, la diffusion de Mie dépend peu de la longueur d'onde : la lumière diffusée présente donc une couleur sensiblement identique à celle de la lumière incidente. Si cette dernière est blanche, la lumière diffusée l'est également.

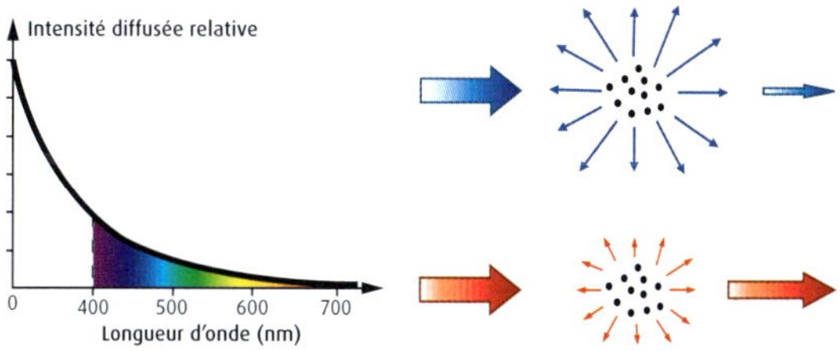

4. La diffusion de la lumière par des particules plus petites que le dixième de la longueur d'onde (diffusion Rayleigh) est d'autant plus efficace que la longueur d'onde est petite. Plus précisément, l'intensité de la lumière diffusée varie comme l'inverse de la puissance quatrième de la longueur d'onde. La figure de droite montre qu'un faisceau de lumière bleue est plus atténué par diffusion qu'un faisceau de lumière rouge.

Dispersion de la lumière. La lumière blanche traversant un prisme de verre subit une dispersion, c'est-à-dire une décomposition faisant apparaître les couleurs de l'arc-en-ciel. Ces couleurs apparaissent parce que la déviation (réfraction) des rayons lumineux composant la lumière blanche dépend de la longueur d'onde : ainsi une radiation de grande longueur d'onde (rouge) est moins déviée qu'une radiation de courte longueur d'onde (violet). La diminution de la célérité de la lumière lorsqu'elle pénètre dans un milieu plus dense (le phénomène à l'origine de la réfraction des rayons lumineux) dépend en effet de la longueur d'onde.

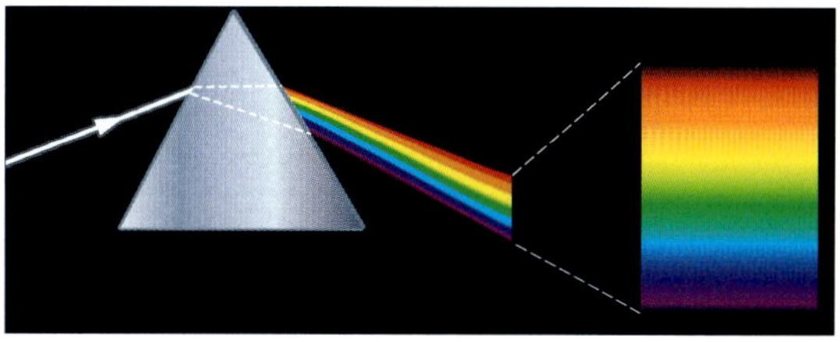

5. Dispersion de la lumière par un prisme.

Effet photoélectrique. Éjection d'électrons de la surface d'un métal placé sous vide et recevant de la lumière. L'énergie cinétique maximum des électrons éjectés ne dépend pas de l'intensité lumineuse, mais seulement de la fréquence de l'onde lumineuse.

Efficacité lumineuse. Exprime le lien entre le flux lumineux perçu par l'œil humain et le flux énergétique du rayonnement électromagnétique (c'est-à-dire sa puis-

sance) reçu. Ce dernier, exprimé en watts (W), est une quantité intrinsèque du rayonnement, alors que le flux lumineux, exprimé en lumens (lm), dépend de la sensibilité de l'œil.
Plus précisément, l'efficacité lumineuse est égale au quotient du flux lumineux perçu par le flux énergétique reçu. Sa valeur est maximale (et égale à 683 lm/W) à la longueur d'onde de 555 nm (à laquelle la sensibilité de la perception visuelle est maximale). L'efficacité normalisée V(λ) prend la valeur 1 à cette longueur d'onde (Figure 6). Toutes ces considérations sont valables pour la vision de jour (vision photopique), c'est-à-dire pour des niveaux de luminance de quelques candelas par m^2. À des faibles niveaux de luminance (vision scotopique due essentiellement aux bâtonnets rétiniens), le maximum d'efficacité lumineuse de l'œil se situe à 510 nm, et l'efficacité lumineuse normalisée est désignée par V'(λ) (Figure 6).

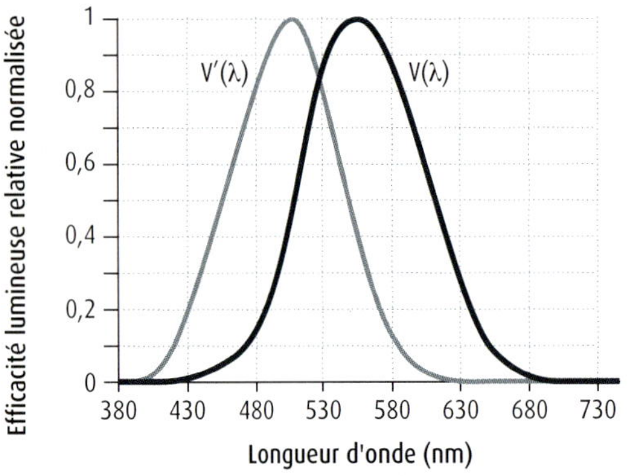

6. Efficacité lumineuse relative normalisée en vision photopique (V(λ)) et en vision scotopique (V'(λ)).

Électrode. Conducteur de charges électriques (électrons ou ions). Tout générateur de courant (pile ou accumulateur) ou dispositif d'électrolyse comporte deux électrodes entre lesquelles s'établit une différence de potentiel. Un couple d'électrodes se trouve également dans les lampes à décharge (tube et lampes fluo, lampes au xénon, à vapeur de mercure ou de sodium, etc.).

Électrolytes. Composés susceptibles de générer des ions dispersés dans un milieu solide ou liquide; ils deviennent des porteurs de charge sous l'influence d'une différence de potentiel.

Émulsion. Suspension de gouttelettes d'un liquide au sein d'un autre liquide non miscible au premier. On distingue les émulsions eau-dans-huile et huile-dans-eau.

Espaces chromatiques. Systèmes de représentation numérique des couleurs dans un espace à trois dimensions. Au cours de ses recherches sur la perception des couleurs, à partir de 1855, Maxwell montra à l'aide d'un triangle équilatéral (Figure 7) comment toutes les couleurs peuvent être obtenues en ajoutant trois couleurs primaires (rouge, vert et bleu) dans des proportions différentes.

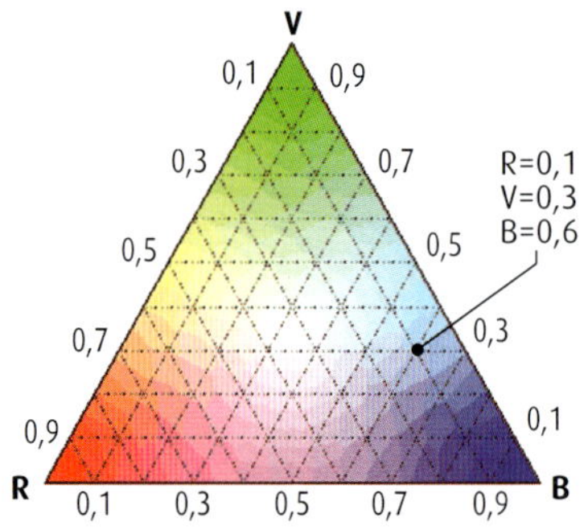

7. Le triangle de Maxwell permet de représenter une couleur à partir de trois coordonnées relatives aux trois couleurs primaires rouge (R), vert (V), bleu (B).

L'espace colorimétrique RGB que la CIE (Commission Internationale de l'Éclairage) établit en 1931 est fondé sur un principe analogue avec le choix suivant de longueurs d'onde: 435,8 nm pour le bleu, 546,1 nm pour le vert et 700,0 nm pour le rouge. Puis, par une astucieuse transformation de coordonnées, la CIE établit le diagramme de chromaticité xy (Figure 8). Le pourtour curviligne, gradué en longueur d'onde, est appelé *spectrum locus* dont chaque point représente une longueur d'onde donnée correspondant à une couleur monochromatique (dite pure). Ce pourtour est fermé par la *ligne des pourpres* qui correspond au mélange des deux couleurs extrêmes du spectre visible (rouge et violet). Le point W de coordonnées (1/3, 1/3) représente le blanc de référence.

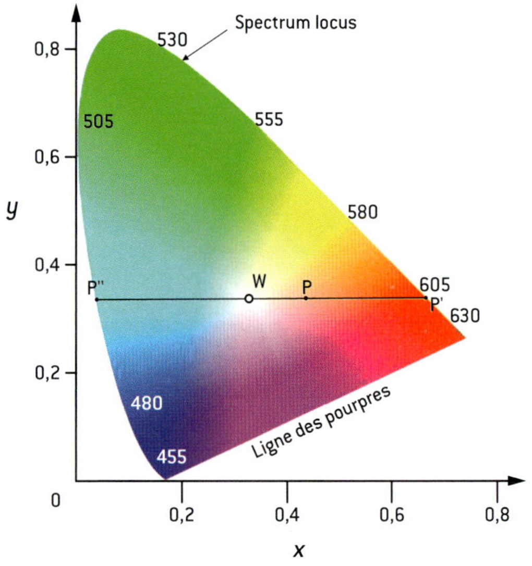

8. Diagramme de chromaticité CIE-1931. Le *spectrum locus* est le lieu des couleurs monochromatiques repérées par leur longueur d'onde exprimée en nanomètres. Tout point non situé sur le *spectrum locus* représente une couleur non monochromatique, définie par les coordonnées (*x*, *y*). La pureté de la couleur correspondant à un point P est le quotient des distances PW/P'W, le point P' étant le point d'intersection avec la limite du diagramme obtenu en prolongeant la droite WP. Ce point P' indique la couleur dominante, ici le rouge. Le prolongement de la droite PW dans la direction opposée conduit à une seconde intersection P'' qui correspond à la teinte de la couleur complémentaire (ici cyan).

La *saturation* évalue la *pureté d'une couleur*. Elle est définie par la proportion de couleur pure (monochromatique). Cette pureté est d'autant plus faible que le point est éloigné du *spectrum locus*.

Pour caractériser complètement une couleur, il faut compléter les coordonnées x et y du diagramme de chromaticité par un paramètre lié à la quantité de lumière. Ce paramètre d'intensité est la *clarté*.

On remarque que, dans ce diagramme, la zone des verts est beaucoup plus importante que celles des autres couleurs. Ainsi, dans cette zone, un observateur considérera comme proches deux couleurs dont les points représentatifs sont pourtant éloignés l'un de l'autre. Il n'en est pas de même pour les autres zones. Cet espace colorimétrique est donc qualifié de non uniforme.

C'est pourquoi, en recherchant un espace uniforme, la CIE propose en 1976 un nouvel espace colorimétrique appelé CIE L*a*b* dans lequel les distances entre couleurs sont nettement plus conformes à leur perception visuelle. Dans cet espace (Figure 9), les points représentatifs des couleurs ayant la même clarté sont situés sur un plan horizontal et leurs coordonnées dans ce plan sont les paramètres a^* et b^* appelées *composantes chromatiques*. Le paramètre a^*, porté sur l'axe des abscisses, s'étend du vert ($a^* < 0$) au rouge ($a^* > 0$), tandis que le paramètre b^*, porté sur l'axe des ordonnées, varie du bleu ($b^* < 0$) au jaune ($b^* > 0$).

Le *chroma* C^* (mot grec qui signifie « couleur ») évalue la saturation perçue. Numériquement, c'est la distance à l'axe vertical du point représentatif d'une couleur.

La teinte est définie par l'angle h (initiale du mot anglais *hue*, la teinte).

La clarté désignée par L* (initiale du mot anglais *Lightness*) est portée sur un axe vertical de 0 (noir) à 100 (blanc) vers le haut.

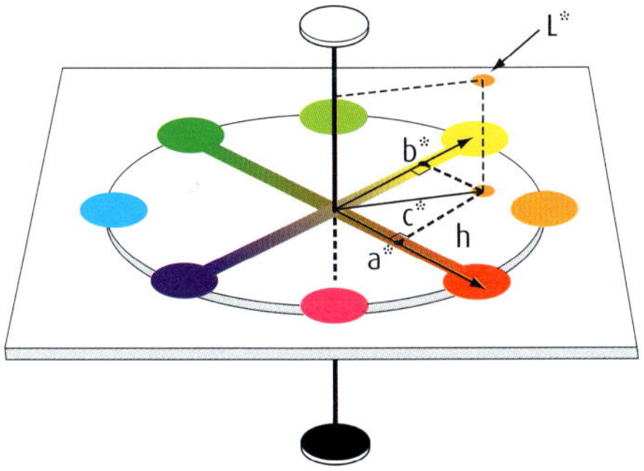

9. Représentation de la couleur dans l'espace CIE L*a*b* 1976.
Les trois paramètres sont la clarté L*, la teinte *h* et le chroma C*. Dans un plan, c'est-à-dire pour une clarté L* donnée, les coordonnées d'un point sont les composantes chromatiques a* (axe vert-rouge) et b* (axe bleu-jaune). *h* et C* s'expriment simplement en fonction de a^* et b^* : $h = \mathrm{arctg}(b^*/a^*)$, $C^* = \sqrt{a^{*2} + b^{*2}}$.

Flavonoïdes. Composés flavoniques appartenant à la classe des polyphénols dont le squelette de base est constitué de trois cycles (deux cycles benzéniques (A et B) et un hétérocycle oxygéné (C)) portant des substituants OH en diverses positions (non représentés sur le schéma ci-dessous). Ils se répartissent dans plusieurs groupes de composés, notamment les flavones, les flavanones, les flavonols, les anthocyanidines, dont les structures de base sont données ci-dessous.

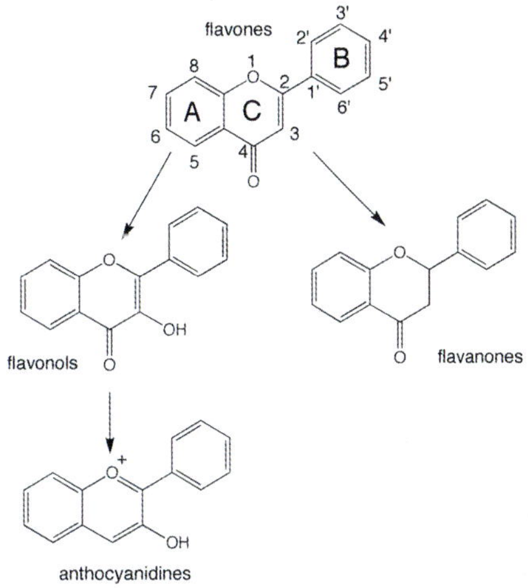

Les substituants OH ont une grande influence sur la couleur des anthocyanidines, comme le montrent les exemples suivants :

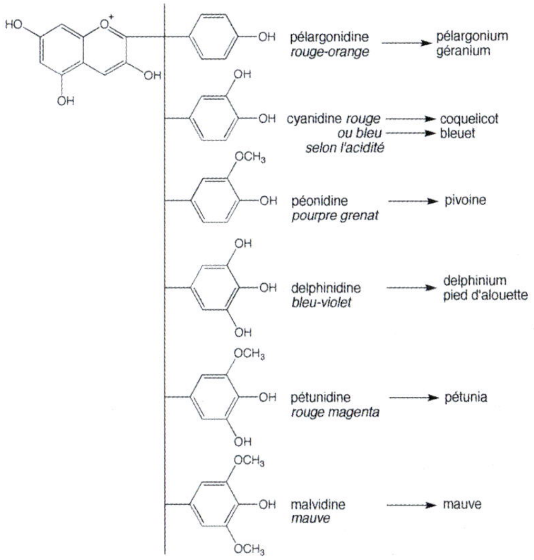

Dans les plantes, la glycosylation des anthocyanidines par une enzyme du type glucosyltransférase (remplacement de l'hydrogène du groupe OH en position 3 par un sucre) conduit aux *anthocyanes*. Les sucres impliqués sont le plus souvent des monosaccharides (glucose, galactose, etc.) ou des di- et trisaccharides formés par la combinaison de monosaccharides.

Flux lumineux. Grandeur photométrique visuelle exprimant la façon dont l'œil humain perçoit la puissance lumineuse d'une source. La définition officielle de l'unité de flux lumineux, le *lumen* (symbole lm), est la suivante : c'est le flux lumineux émis dans un angle solide de 1 stéradian par une source ponctuelle uniforme, située au sommet de l'angle solide, et ayant une intensité lumineuse de 1 candela. Remarquons que le flux lumineux est directement lié au *flux énergétique* (ou *flux radiant*) émis par une source – c'est-à-dire sa puissance lumineuse – exprimé en watts. La définition historique du lumen l'illustre bien : c'est le flux lumineux d'une source monochromatique de longueur d'onde 555 nanomètres et dont le flux énergétique est de 1/683 watts. Rappelons que c'est à 555 nanomètres que l'efficacité lumineuse est maximale. La valeur du flux lumineux est donc calculée en multipliant le flux énergétique (en watts) par 683 et par l'efficacité lumineuse relative normalisée V(λ) (qui varie de 0 à 1 en fonction de la longueur d'onde; voir figure 6).

Fréquence d'une onde: voir onde.

Glacis. Fine couche picturale translucide constituée d'un pigment unique dispersé en faible quantité dans un liant.

Hertz. Unité de fréquence (symbole Hz): 1 Hz = 1 cycle/s.

Indice de réfraction. Paramètre qui caractérise la façon dont un rayon lumineux est dévié lorsqu'il passe d'un milieu à un autre (réfraction). Il est égal au rapport des célérités de la lumière dans le vide et dans le milieu considéré. L'indice de réfraction varie avec la longueur d'onde, ce qui explique le phénomène de dispersion de la lumière blanche.

Indice de rendu des couleurs (IRC). Paramètre qui caractérise l'aptitude d'une source de lumière à restituer les couleurs sans altérer les teintes. Sa valeur maximale est de 100. L'indice maximum correspond à une lumière blanche dont le spectre est identique à celui de la lumière naturelle. Les lampes à incandescence ont un IRC voisin de 100.

Intensité lumineuse. Grandeur photométrique visuelle exprimant la façon dont l'œil humain perçoit la luminosité (plus précisément l'intensité énergétique) d'une source.
L'intensité lumineuse est directement liée à l'intensité énergétique (ou intensité radiante) d'une source ponctuelle dans une direction donnée. L'intensité énergétique (exprimée en watts par stéradian) est la puissance radiante émise par unité d'angle solide dans la direction considérée.
L'intensité lumineuse est exprimée en candela (symbole: cd). C'est la seule unité photométrique faisant partie du système international d'unités (SI). Depuis 1979, la définition officielle de la candela est la suivante: *la candela est l'intensité lumineuse, dans une direction donnée, d'une source qui émet un rayonnement électromagnétique de fréquence 540.10^{12} hertz (λ = 555 nm) et dont l'intensité énergétique dans cette direction est 1/683 watt par stéradian.*
On calcule donc l'intensité lumineuse (en candela) en multipliant l'intensité radiante par le coefficient 683 et par l'efficacité lumineuse relative normalisée V(λ) (qui varie de 0 à 1).

Interférences. Phénomène résultant de la superposition de deux ondes issues de deux sources vibrant à la même fréquence et avec la même amplitude. Les deux ondes qui interfèrent sont en phase en certains points (les deux passent simultanément par un maximum), alors qu'en d'autres points elles sont en opposition de phase (l'une passe par un maximum à l'instant où l'autre passe par un minimum). Dans le premier cas, les ondes se renforcent (*interférences constructives*), tandis que dans le second cas, elles s'annihilent (*interférences destructives*) (Figure 10).

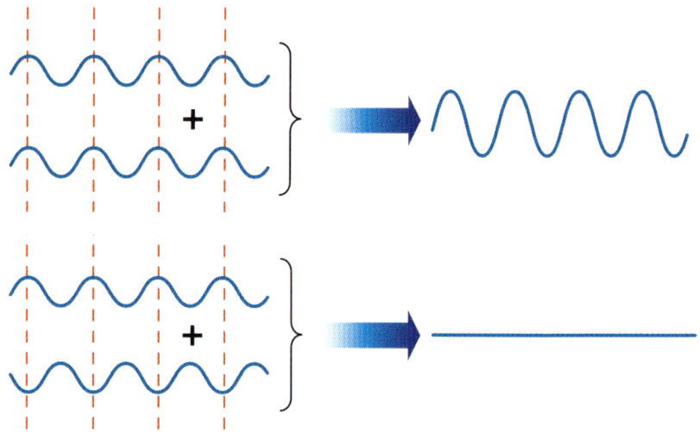

10. Des ondes de même amplitude et de même fréquence se renforcent si elles sont en phase ou au contraire s'annihilent si elles sont en opposition de phase.

Ion. Atome qui a perdu ou gagné un ou plusieurs électrons. Un atome, qui est normalement neutre puisque la charge positive du noyau est exactement équilibrée par les charges négatives des électrons qui l'entourent, devient un ion lorsqu'il perd ou capte un ou plusieurs électrons. Si un atome perd un électron, il y a un déficit d'une charge élémentaire négative – la charge de l'électron. L'atome porte donc une charge élémentaire positive: il est devenu un ion positif (cation) (exemple: ion lithium Li^+). S'il en perd deux, il porte deux charges élémentaires positives (exemple: ion ferreux Fe^{2+}). Si au contraire l'atome capte un électron, il possède une charge excédentaire négative: il devient un ion négatif (anion) (exemple: ion chlorure Cl^-).

Laque. Les pigments laqués sont obtenus en fixant des colorants sur une poudre minérale blanche (Ex: laque de garance). Le mot laque a d'autres sens. Il désigne en premier lieu le vernis noir ou rouge, préparé en Chine ou au Japon avec une gomme-résine issue de plantes orientales. Par extension, certaines peintures particulièrement brillantes et lisses sont qualifiées de laques. Le mot laque au masculin désigne un objet d'Extrême-Orient revêtu de nombreuses couches de laque.

Lécithines. Lipides dont le vrai nom est phosphatidyl choline. Il s'agit de tensioactifs dont la tête polaire porte une charge négative et une charge positive (Figure 11). Les lécithines stabilisent les émulsions dans l'eau (comme la mayonnaise, par exemple) en tapissant l'interface entre l'eau et l'huile.

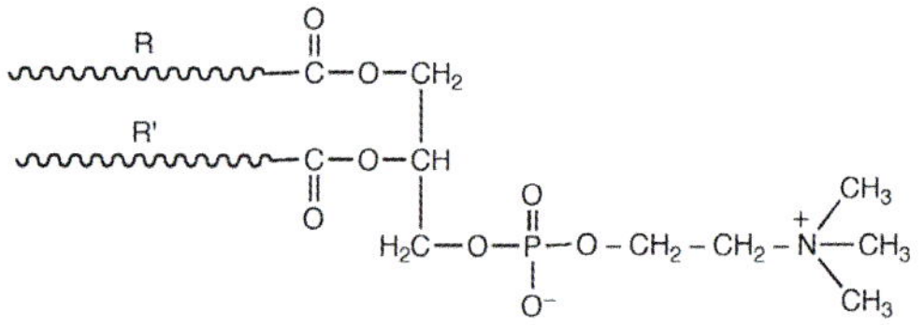

11. Formule générale des lécithines. R: chaîne hydrocarbonée saturée en C_{16} ou C_{18}; R' : chaînes insaturées avec 1, 2 ou 3 insaturations (doubles liaisons C=C) pour les sources végétales.

Liaison hydrogène. Liaison faible intramoléculaire ou intermoléculaire. Elle est non covalente, et est environ 10 fois plus faible qu'une liaison covalente. Il s'agit d'une interaction de type électrostatique entre un atome électronégatif (azote, oxygène ou fluor) et un atome d'hydrogène, lui-même lié à un atome électronégatif.

Liant. Liquide dans lequel les pigments sont maintenus à l'état dispersé. Par exemple, pour la peinture à l'huile : huile de lin, huile d'oeillette, etc. Pour les procédés à la détrempe : eau additionnée de colle ou d'œuf. Pour l'aquarelle et la gouache : eau additionnée de gomme arabique. Pour la peinture acrylique : eau additionnée de résines acryliques.

Longueur d'onde : voir onde.

Luminance. En photométrie visuelle, la luminance est définie par le quotient de l'intensité lumineuse d'une surface par l'aire apparente de cette surface, pour un observateur lointain. Elle s'exprime en candela par m^2.
La luminance exprime la sensation visuelle que nous avons de la lumière. Pour une intensité lumineuse donnée, cette sensation n'est pas la même selon les dimensions de la source lumineuse, qu'il s'agisse par exemple de l'écran d'un ordinateur ou d'une LED qui est très directionnelle et de surface très petite. D'où l'intérêt de rapporter l'intensité lumineuse à l'unité de surface.

Luminosité. Caractère non quantifié de la sensation selon laquelle une surface apparaît plus ou moins lumineuse. Ce n'est pas un synonyme de luminance. Le terme luminosité est souvent employé à tort (par exemple dans le logiciel Photoshop) à la place de clarté.
Notons que la luminosité a en revanche une définition précise en astronomie.

Lycopène. Pigment rouge de la famille des caroténoïdes que l'on trouve dans la tomate, la pastèque, ainsi que dans d'autres fruits rouges.

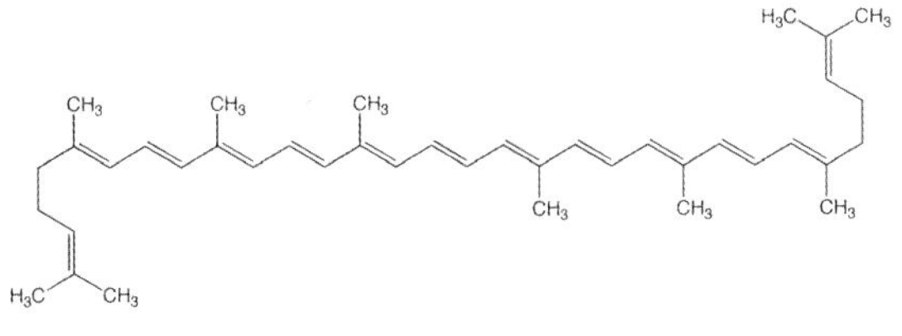

Lycopène

Magenta. Petite ville de Lombardie en Italie. C'est en raison du sang versé dans cette ville lors de la bataille qui opposa l'armée française à l'armée autrichienne en 1859, que le nom de magenta fut donné au nouveau colorant rouge pourpre découvert la même année.

Médium (en peinture). Liquide constitué d'un diluant et d'autres ingrédients (essences et résines par exemple pour la peinture à l'huile). Il est ajouté pour donner la consistance voulue de la pâte en vue de l'application sur un support, et pour apporter de la solidité à la couche picturale une fois sèche.

Mélanines. Pigments très répandus dans les règnes animal et végétal dont la couleur, outre le noir, va du jaune au brun. Il s'agit de polymères dont le précurseur biologique est un acide aminé : la tyrosine. Leur extraction est difficile du fait de leur insolubilité.

Métamères. Deux couleurs sont dites métamères si elles apparaissent identiques dans des conditions données, alors qu'elles sont physiquement différentes. Elles peuvent donc être perçues différemment selon la source de lumière ou par deux personnes différentes.

Métamérisme. Phénomène par lequel un objet est perçu de couleurs différentes selon la source de lumière qui l'éclaire. Ainsi, deux objets peuvent apparaître de couleurs différentes sous un éclairage donné, et au contraire de couleurs identiques sous un autre. Ce phénomène est important dans l'industrie graphique.

Métaux de transition. Métaux qui appartiennent à la quatrième période de la classification périodique. Leur sous-couche électronique 3d est incomplète. Exemples : chrome, fer, cobalt, nickel.

Monomère. Motif moléculaire élémentaire qui, répété un grand nombre de fois comme les maillons d'une chaîne, forme un polymère.

Ommochromes. Pigments formés par polymérisation d'acides aminés cycliques (principalement le tryptophane). Ils confèrent diverses couleurs aux milieux où ils sont dispersés : jaune, rouge, orangé, fauve ou brun. On les trouve dans les yeux de nombreux insectes et sur les ailes des papillons de la famille des *Nymphalides*.

Onde. Vibration qui se propage. Pour donner une image simple d'une onde naissant d'une vibration, saisissez une longue corde par une des extrémités et effectuez un mouvement d'oscillation verticale. Vous verrez des crêtes et des creux se propager le long de la corde. La distance entre les crêtes est appelée *longueur d'onde*. Le nombre d'oscillations complètes (ou cycles) que vous effectuez en une seconde est la *fréquence* exprimée en hertz (1 hertz = 1 cycle par seconde). La fréquence correspond aussi au nombre de crêtes qui passent par un point pendant une durée d'une seconde.
Remarquez que plus le mouvement de votre main est rapide, plus l'écart entre les crêtes – c'est-à-dire la longueur d'onde – est court, et plus la fréquence est élevée. En outre, plus votre mouvement est ample, et plus l'*amplitude* de l'onde (hauteur d'une crête par rapport à la hauteur moyenne) est grande (Figure 12). Une onde est donc caractérisée par trois paramètres : la longueur d'onde, la fréquence et l'amplitude.
Attention, le fait que vous voyez des crêtes se propager ne doit pas vous faire croire qu'il y a un déplacement de matière : c'est une illusion ! Pour vous en convaincre, attachez un petit ruban en un point de la corde, et vous le verrez osciller verticalement (comme votre main), mais il ne se déplace pas dans la direction de propagation de l'onde. Par conséquent, une onde ne transporte pas de matière. En revanche, elle transporte de l'énergie. Dans le cas présent, c'est l'énergie que vous dépensez en effectuant le mouvement d'oscillation. Plus l'oscillation est de grande amplitude et plus l'énergie qui se propage est grande.

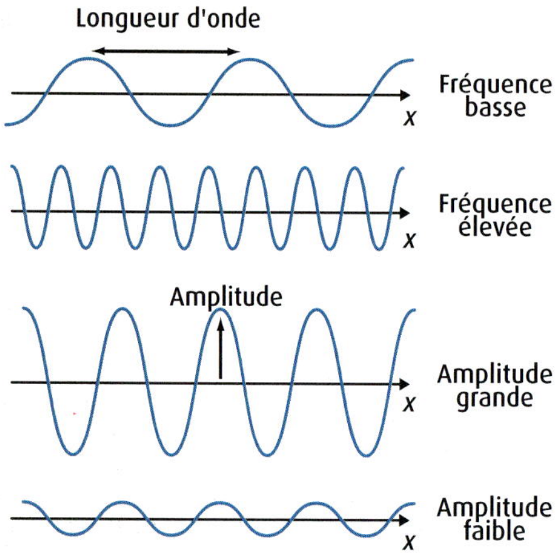

12. Représentation spatiale de la propagation d'une onde correspondant à une vibration transversale.

Ondes électromagnétiques. Ondes constituées d'un champ électrique $\vec{E}$ et d'un champ magnétique $\vec{B}$ vibrant de conserve : ces derniers restent perpendiculaires entre eux et oscillent en phase perpendiculairement à la direction de propagation (Figure 13).

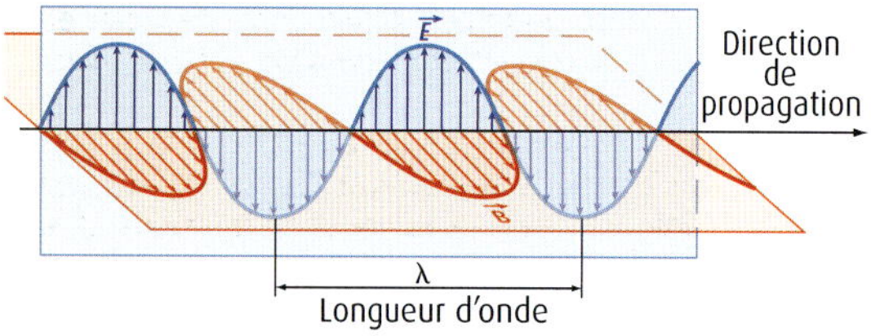

13. Nature des ondes électromagnétiques.

Oxydo-réduction (réaction d'). Réaction chimique au cours de laquelle un électron est transféré d'un composé donneur d'électron (un réducteur) à un composé accepteur d'électron (un oxydant). En particulier, les combustions sont des réactions d'oxydo-réduction.

Photométrie. Théories et protocoles opératoires visant à mesurer les caractéristiques de la lumière émise par une source ou renvoyée par une surface (intensité, flux, luminance, etc.). En photométrie visuelle, l'œil est le récepteur et il faut donc tenir compte de l'efficacité lumineuse qui dépend de la longueur d'onde. En photométrie physique ou énergétique (qui fait partie de la radiométrie), d'autres récepteurs sont employés.

Photon (du grec *photos*, génitif de *phos*, « la lumière »). Particule élémentaire associée aux ondes électromagnétiques. Les photons sont des grains d'énergie dont la masse et la charge sont nulles. Leur énergie est égale au produit de la fréquence de l'onde électromagnétique et de la constante de Planck. Cette énergie est donc inversement proportionnelle à la longueur d'onde.

Pigment. Substance colorée naturelle ou synthétique, insoluble dans le milieu où elle est dispersée.

Pigments biliaires. Substances colorées provenant de la dégradation de l'hémoglobine (ex. : bilirubine).

Plasmon de surface. Dans le cas des métaux nobles comme l'or, l'argent et le cuivre, les électrons situés à l'interface d'une couche mince ou d'une fine particule (de taille nanométrique) de ces métaux subissent une oscillation collective sous l'influence de la lumière (onde électromagnétique) à certaines fréquences (fréquences de résonance), c'est-à-dire à certaines longueurs d'onde. Ces dernières dépendent de la nature du métal. Les plasmons de surface sont responsables de la couleur du verre rubis (le métal présent dans le verre est de l'or) et des céramiques recouvertes d'un émail à effet de lustre (argent et cuivre).

Polymère. Molécule de masse moléculaire élevée formée par l'enchaînement de petites molécules (monomères) identiques ou différentes, liées chimiquement entre elles (par des liaisons covalentes).

Polymérisation. Réaction conduisant à un polymère.

Polysaccharides. Polymères de glucose principalement. Les plus connus sont la cellulose, le glycogène et l'amidon.

Pouvoir couvrant. Aptitude à couvrir une surface d'une couche opaque.

Ptérines. Pigments animaux constitués de deux hétérocycles possédant chacun deux atomes d'azote. Exemples :

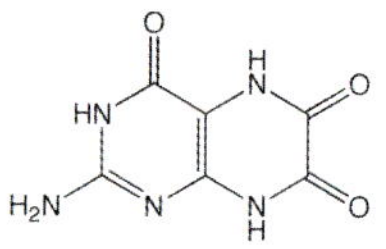

leucoptérine

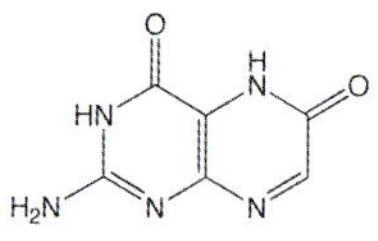

xanthoptérine (jaune)

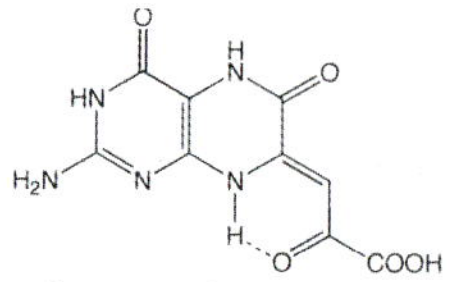

érythroptérine (rouge)

Radicaux libres. Entités chimiques possédant un ou plusieurs électrons non appariés. Les radicaux libres ont un effet néfaste sur la santé. Ils sont piégés par les flavonoïdes que contiennent les fruits et légumes, d'où l'effet bénéfique de ces derniers. Le vin également contient également des flavonoïdes, mais sa couleur est due à la présence d'anthocyanes.

Réflexion diffuse. Réflexion dans un grand nombre de directions qui se produit lorsque la lumière atteint une surface irrégulière.

Réfraction. Lorsqu'un rayon lumineux passe d'un milieu transparent à un autre (de l'air à l'eau ou au verre par exemple), sa trajectoire est déviée car la vitesse de propagation de la lumière est modifiée. C'est pourquoi une paille dans un verre d'eau apparaît brisée (Figure 14). Une telle fracture apparente est à l'origine du terme *réfraction* qui désigne ce phénomène.

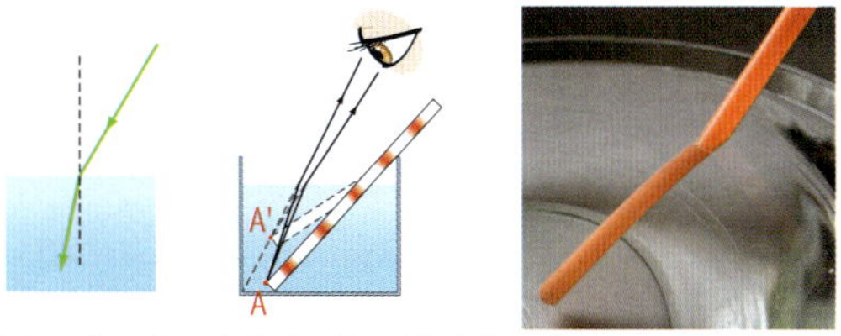

14. La retraction de la lumière (déviation d'un rayon lumineux lorsqu'il passe d'un milieu à un autre) explique pourquoi une paille plongée dans un verre d'eau donne l'illusion d'être brisée.

L'angle d'incidence i_1 et l'angle de réfraction i_2 sont liés par la relation suivante (loi de Snell-Descartes) : $n_1 \sin i_1 = n_2 \sin i_2$ où n_1 et n_2 sont les indices de réfraction.
Lorsque la lumière passe d'un milieu moins réfringent à un milieu plus réfringent ($n_1 < n_2$), il ne peut y avoir réflexion totale (Figure 15). En revanche, lorsque la lumière passe d'un milieu plus réfringent à un milieu moins réfringent ($n_1 > n_2$), il y a réflexion totale quand l'angle d'incidence dépasse l'angle limite β.

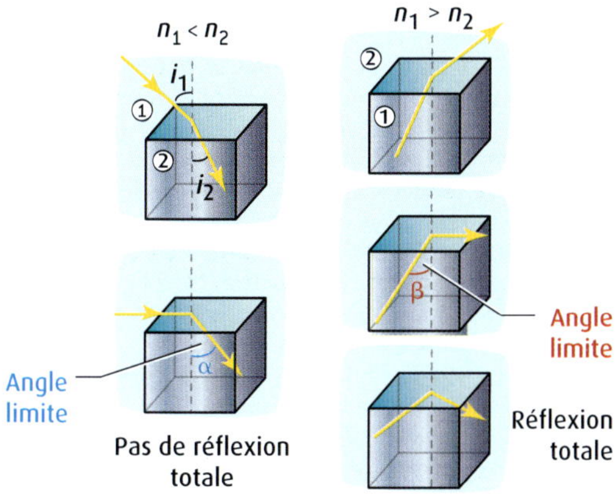

15. Selon les indices de réfraction respectifs des deux milieux, il peut y avoir ou non réflexion totale.

Réseau de diffraction : voir Diffraction.

Résines acryliques. Résines obtenues par polymérisation d'acrylates, ou d'autres monomères contenant le groupe acrylique :

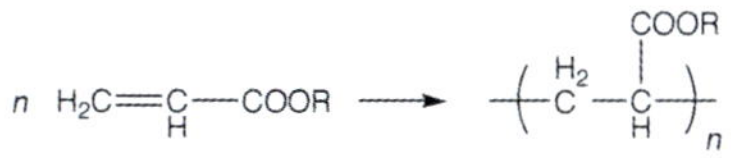

Réticulation. Formation de liaisons chimiques entre des chaînes de polymères ou des chaînes hydrocarbonées dans diverses directions de l'espace.

Siccative. Se dit d'une huile qui « sèche » assez rapidement.

Synesthésie. (Du grec *syn*, « avec » et *aesthesis*, « sensation »). Mode de perception selon lequel des sensations correspondant à un sens évoquent spontanément, chez certains individus, des sensations liées à un autre sens.

Température de couleur (d'une source de lumière). Température du corps noir dont le rayonnement possède la même chromaticité que celle de la source considérée. Elle est exprimée en kelvins (K).

Température de couleur proximale (d'une source de lumière). Température du corps noir dont le rayonnement possède la chromaticité la plus voisine de celle de la source considérée. Elle est exprimée en kelvins (K).

Transferts de charge (dans les minéraux)**.** L'absorption d'un photon implique parfois non pas un seul atome mais plusieurs. Un électron peut par exemple passer dans une orbitale d'un autre atome que celui dont il est issu. On distingue deux types principaux de transfert de charge :
• *oxygène - ion métallique*. Ce type de transfert de charge est responsable d'une absorption qui se situe en général dans le violet et le bleu, d'où la couleur souvent jaune observée. C'est le cas de l'héliodore (transfert de charge de l'ion oxygène (O^{2-}) vers l'ion ferrique (Fe^{3+})). Cependant, la position de la bande d'absorption dépend sensiblement de la valence de l'ion. Ainsi avec l'ion ferreux (Fe^{2+}), l'absorption située dans l'ultraviolet n'a guère d'influence sur la couleur. En revanche, avec les ions chrome (Cr^{6+}) et manganèse (Mn^{6+}), les couleurs vont de l'orangé au rouge.
• *ion métallique - ion métallique*. Deux ions d'éléments chimiques différents peuvent échanger des électrons. Deux ions peuvent aussi échanger un électron via l'oxygène. Dans l'aigue-marine par exemple, un transfert de charge de Fe^{2+} vers Fe^{3+} est responsable d'une absorption du jaune au rouge, et un transfert de charge de O^{2-} vers Fe^{3+} correspond à une absorption dans le violet. Il en résulte une couleur bleue. Lorsque la concentration en Fe^{3+} augmente, le transfert de charge de O^{2-} vers Fe^{3+} s'accroît, d'où une absorption plus grande dans le violet et le bleu, ce qui modifie la couleur d'abord verte puis jaune.

Triglycérides. Triesters résultant de l'estérification du glycérol (trialcool) par des acides gras (acides oléique, linoléique, linolénique). Les chaînes peuvent posséder 0, 1, 2 ou 3 doubles liaisons.

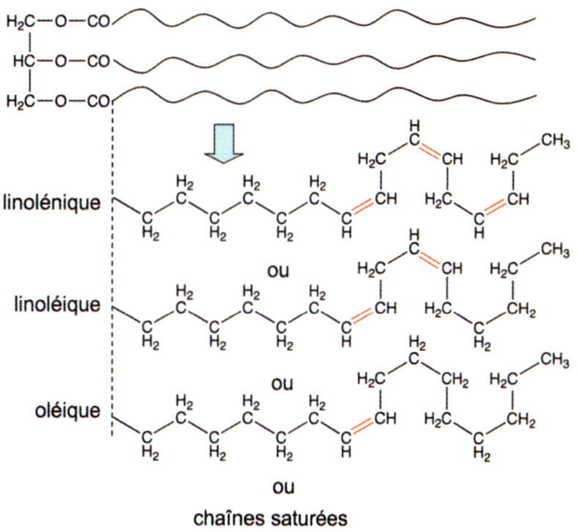

Vernis. Substance liquide que l'on applique sur une couche picturale et qui, en séchant, forme un film protecteur.

Xanthophylles : voir Caroténoïdes.

Bibliographie

BERTHIER S., *Les couleurs des papillons ou l'impérative beauté. Propriétés optiques des ailes de papillons*, Springer, Paris, 2000.

BERTHIER S., *Iridescences. Les couleurs physiques des insectes*, Springer, Paris, 2003.

BLANC-GATTI C., *Des sons et des couleurs*, Attinger, Neuchâtel, 1934.

BLAY M., *Les figures de l'arc-en-ciel*, Belin, 2005.

BLAY M., *Lumières sur les couleurs. Le regard du physicien*, Ellipses, 2001.

BRÉMONT E., *L'intelligence de la couleur*, Albin Michel, 2002.

CALLET P., *Couleur-lumière, couleur-matière*, Diderot, Art et Sciences, 1998.

CHIRON A., MENU M., « La couleur des œuvres d'art. Caractérisation spectrocolorimétrique de l'œuvre d'art : objectifs, contraintes, perspectives », TECHNE n° 9-10 (*Couleur et perception*), 1999, p. 161-171.

CARDON D., *Le monde des teintures naturelles*, Belin, 2003.

CONKLING J., « Les feux d'artifice ». Dans *La couleur*, Dossier *Pour la Science*, avril 2000, pp. 58-64.

DE LANGLAIS X., *La technique de la peinture à l'huile*, Flammarion, 1959.

DELAMARE F. et GUINEAU B., *Les matériaux de la couleur*, Découvertes Gallimard, Sciences et Techniques, Gallimard, 1999.

DELAMOIR J., ROMER G., « Les premières photographies en couleurs ». Dans *La couleur*, Dossier *Pour la Science*, avril 2000, pp. 68-75.

DELMAS J., *La gestion des couleurs pour les photographes*, Eyrolles, 2007.

DÉRIBÉRÉ M., *La couleur dans les activités humaines*, Dunod, 1955.

DÉRIBÉRÉ M., *La couleur*, Collection Que sais-je ?, PUF, 2000.

ELIAS M., LAFAIT J. (Dir.), *La Couleur. Lumière, vision et matériaux*, Belin, 2006.

FEHRENBACH M., DAVIDOWICZ G., MARION R., *Aurores boréales et australes*, Éditions GNGL, 2001.

FERRARI M., *Les couleurs de la vie. Le rôle des couleurs dans le monde animal*, Gründ, 1993.

FOUASSIER C., « Les luminophores », *L'Actualité chimique*, mars 2002, pp. 98-101.

FOURNIER J.-M., « La mise en mémoire des couleurs », Dans *La couleur*, Dossier *Pour la Science*, avril 2000, pp. 76-78.

FRITSCH E., ROSSMAN G., « La couleur dans les gemmes ». Dans *La couleur*, Dossier *Pour la Science*, avril 2000, pp. 36-41.

GAGE J., *Couleur et culture*, Thames et Hudson, 2008.

GAGE J., *La couleur dans l'art*, Thames et Hudson, 2009.

GANDOLFO J. -P. et LAVÉDRINE B., *L'autochrome Lumière : secrets d'ateliers et défis industriels*, Les éditions du CTHS, 2009.

GUYON E., PEDREGOSA A., SALVIAT B. (Dir.) *Matière et matériaux. De quoi est fait le monde*, Belin, 2010.

ITTEN J., *L'art de la couleur*, Dessain & Tolra/Larousse, 2004.

JUNOT Ph., « *De l'audition colorée ou du bon usage d'un mythe* ». Dans *La couleur*, Éditions Le léopard d'or, 1994, pp. 63-82.

LANTONY P., *Lumière, vision et peinture*, Citadelles & Mazenot, 2009.

LAVEDER L. et JAMET D., *Le ciel. Un jardin vu de la Terre*, Belin, 2008.

LE BARNY P., L'électroluminescence, *L'Actualité chimique*, mars 2002, pp. 102-106.

LYNCH D. K., LIVINGSTON W., *Color and light in nature*, Cambridge University Press, 2001.

MATHIS P., *Pourquoi les feuilles sont-elles vertes ?* Les petites pommes du savoir, Le Pommier, 2003.

MOLLARD-DESFOUR A., *Dictionnaire de la couleur. Mots et expressions d'aujourd'hui*, CNRS Éditions : *Le Rose* (2002), *Le Bleu* (2004, 1re édit. 1998), *Le Blanc* (2008), *Le Rouge* (2009, 1re édit. 2000), *Le Noir* (2010, 1re édit. 2005)

MONTCHAUD R., *La couleur et ses accords*, Éditions Fleurus, 1994.

MURPHY P., DOHERTY P., *The color of nature*, Chronicle Books, 1996.

NASSAU K., *The physics and chemistry of color. The fifteen causes of color*, Wiley Series in Pure and Aplied Optics, John Wiley & Sons, New York, 2001.

NAZÉ Y., *Les couleurs de l'Univers*, Belin, 2005.

PASTOUREAU M., SIMMONET D., *Le petit livre des couleurs*, Points, 2007.

PASTOUREAU M., *Dictionnaire des couleurs de notre temps. Symbolique et société*, Éditions Christine Bonneton, 2007.

PEREGO F., *Dictionnaire des matériaux du peintre*, Belin, 2005.

POMARÈDE M., « La couleur des oiseaux », Dans *La couleur*, Dossier *Pour la Science*, avril 2000, pp. 30-33.

ROQUE G., *Art et science de la couleur. Chevreul et les peintres, de Delacroix à l'abstraction*, Éditions Jacqueline Chambon, 1997 ; Éditions Gallimard, 2009.

SÈVE R., *Physique de la couleur*, Masson, 1996.

SÈVE R., *Science de la couleur. Aspects physiques et perceptifs*, Chalagam Édition, 2009.

SHEVELL S.K., *The science of color*, Optical society of America, Elsevier, Amsterdam, 2003.

THÉRY M., « La communication colorée », Dossier Pour la Science *La communication animale*, 2002.

VALEUR B., *Invitation à la fluorescence moléculaire*, De Boeck, 2004.

VALEUR B., *Lumière et luminescence. Ces phénomènes lumineux qui nous entourent*, Belin, 2005.

VALEUR B., *Sons et lumière*, Belin, 2008, chap. 12 : « Sons et couleurs ».

VALEUR B., « La chimie crée sa couleur … sur la palette du peintre », dans : *La chimie et l'art*, EDP-Sciences, 2010, p. 129-167.

VARICHON A., *Couleurs, pigments et teintures dans les mains des peuples*, Éditions du Seuil, 2000, 2005.

WALKER J. « Les couleurs du ciel », Dossier *Pour la Science*, avril 2000, pp. 14-17.

ZUPPIROLI L. et BUSSAC M.-N., *Traité des couleurs*, Presses polytechniques et universitaires romandes, Lausanne, 2001.

Couleur et perception, Revue TECHNE n° 9-10, 1999.

La couleur et ses pigments, Revue TECHNE n°4, 1996.

La couleur des peintres, Revue TECHNE n° 26, 2007.

La couleur, Dossier Pour la Science, Avril 2000.

La science des couleurs, TDC n° 922, Oct. 2006.

Lumière sur la couleur, Éd. de Monza, 2010.

Crédits photographiques

Couverture: Hemera/Thinkstock
p. 6-7: iStockphoto/Thinkstock
p. 8: Hemera/Thinkstock
p. 10: Steve Gschmeissner/SPL/Phanie
p. 11: MNI/SPL/Cosmos
p. 12a: BPK, Berlin, Dist. RMN/Hermann Buresch
p. 12b: BPK, Berlin, Dist. RMN/Elke Walford
p. 13a: SSPL/Leemage
p. 18: Vintage Color TV, Steve Dichter Collection
p. 19h: iStockphoto/Thinkstock
p. 19b: kyodo/Newscom/Sipa
p. 20: Selva/Leemage
p. 21h: Digital Stock
p. 21b: *Le cirque* (détail), Georges Seurat, 1891. Musée d'Orsay, Paris © Aisa/Leemage
p. 22: Akg-images
p. 23h: SSPL/Leemage
p. 23h (insert): Gusman/Leemage
p. 23b: Musée de l'Élysée, Lausanne
p. 24h et 24m: Hemera/Thinkstock
p. 24b: NASA/STScI Digitized Sky Survey/ Noel Carboni
p. 25: Hemera, iStockphoto et Goodshoot/ Thinkstock
p. 26h: G. De Marchi (STScI and Univ. of Florence, Italy) and F. Paresce (STScI) NASA, ESA
p. 26mh: Hemera/thinkstock
p. 26mb et 26b: iStockphoto/Thinkstock
p. 28: Ryan McVay/Lifesize/Thinkstock
p. 29h: © 2006 S. Querbes pour Anima-Science et Les atomes crochus
p. 30: Bernard Valeur
p. 31b: Eric Théry
p. 32: iStockphoto/Thinkstock
p. 33h: Photo12.com/Alamy
p. 33m: iStockphoto/Thinkstock
p. 34: iStockphoto/Thinkstock
p. 36: Comstock/Thinkstock/Getty Images
p. 38: Photo courtesy of David Weinberg, Multicolour.com
p. 39: Hemera/Thinkstock
p. 40: Burgess J./ SPL/Cosmos
p. 41: Photo12.com/Alamy
p. 42: Louie Psihoyos/Cosmos
p. 43: B. Valeur
p. 44-45 et 46g: Hemera/Thinkstock
p. 46d: iStockphoto/Thinkstock
p. 47h: S. Berthier
p. 47b: iStockphoto/Thinkstock
p. 48: Hemera/Getty Images/Thinkstock
p. 49h: 2, S. Berthier
p. 49m: 3, B. Valeur et **3g,** M. Pomarède
p. 49b: 4, S. Berthier
p. 50: RG/Fotolia.com
p. 51h et 51b: iStockphoto/Thinkstock
p. 52 et 53m: Photo12.com/Alamy
p. 53h: Colibri/A. Gauthier
p. 54g: Francesco Tomasinelli/ LookatSciences
p. 54d: Dr. Roy Caldwell, University of California Berkeley
p. 55h: Nico K. Michiels, University of Tübingen
p. 55b: Eye of Sciences – Olivier Mecker/ Cosmos
p. 56: Bruce Yates/www.UnderwaterReflections.com
p. 57h: Colibri/A. Guerrier
p. 57b: Norbert Wu/Biosphoto
p. 58 et 59: Hemera/Thinkstock
p. 60, 61h et 61b: iStockphoto/Thinkstock
p. 62: Chip Clark/AP / Sipa
p. 63h, 63b, 64 et 65b: Photo12.com/Alamy
p. 65m: J. V. Sanders
p. 66: Simeone/Photononstop
p. 67h: B. Valeur
p. 67b: Atelier des Patines/Dany Marchand
p. 68: iStockphoto/Thinkstock
p. 69: B. Valeur
p. 70: Comstock/Thinkstock
p. 71: Medioimages/Photodisc/Thinkstock
p. 72: iStockphoto/Thinkstock
p. 74: Sauli Koski/Novapix
p. 75: NASA, ESA & John T. Clarke (Univ. of Michigan)
p. 76: A. Fuji/David Malin Images/Novapix
p. 77: NASA and The Hubble Heritage Team (STScI/AURA)
p. 78: Laurent Laveder (www.pixheaven.net)
p. 79h: a, Axel Mellinger – **b,** NASA/IPAC/ IRAS – **c,** COBE/DMR – **d,** Dickey et al./ NRAO – **e,** Bonnel et al./GSFC/NASA/ IUE – **f,** MPE/ROSAT – **g,** NASA/CGRO/ EGRET
p. 79b: NASA/DOE/Fermi LAT Collaboration, CXC/SAO/JPL-Caltech/Steward/O. Krause et al., and NRAO/AUI
p. 80-81: John Foxx, Stockbyte/Thinkstock
p. 82: Rue des Archives/RDA
p. 83h: Claude Andary
p. 83m et 83b: iStockphoto/Thinkstock
p. 84: iStockphoto/Thinkstock
p. 86: Lanier/RÉA
p. 87h: B. Valeur
p. 87b: Image Theatre Prague
p. 88: Photo12.com/Alamy
p. 89: Larysa Dodz/Vetta/Getty
p. 90: Alain Bénéteau
p. 91: © Carl Zeiss Vision
p. 92: Ministère de la culture et de la communication, DRAC Rhône Alpes, Service régional de l'archéologie
p. 93h: Musée du Louvre/C. Décamps
p. 93b: RMN/Hervé Lewandowski
p. 94: *Le Tricheur à l'as de carreau*, Georges de La Tour. Musée du Louvre, Paris © RMN/Gérard Blot
p. 95: *Tournesols*, Vincent Van Gogh, 1888. National Gallery, Londres. © Coll. Archives Belin.
p. 96g: © Only Fabrizio/Fotolia.com
p. 96d: © b_sonders/Fotolia.com
p. 97: Collection Dagli Orti/Real biblioteca de lo Escorial/Gianni Dagli Orti
p. 98: *Le Gourmet*, Pablo Picasso, 1901. National Gallery of Art, Washington © Akg-images Erich Lessing
© Succession Picasso, Paris 2011
p. 99h: *Anthropométrie n° 146*, Yves Klein. Collection Jo Cohen, Turin © Electa/ Leemage © Adagp, Paris 2011
p. 99b: Archives Belin
p. 100: Photo12.com/Alamy
p. 101h: *Incendie à Constantinople*, William J. M. Turner. Palais des Beaux-Arts, Lille © RMN/Hervé Lewandowski
p. 101b: *Vue de la gare Saint Lazare à Paris et du train de Normandie*, Claude Monet, 1877. Art Institute, Chicago © Photo Josse/ Leemage
p. 102: B. Valeur
p. 103h: François Perego
p. 103b: *Vache blanche, fond vert*, Jean Dubuffet, 1954. Centre Pompidou, MNAM, Paris. Photo CNAC/MNAM Dist.RMN / Philippe Migeat © Adagp, Paris 2011
p. 104: *Le couronnement de la Vierge*, détail, Lorenzo Monaco, 1414. Musée des Offices, Florence © DeAgostini/Leemage
p. 105: iStockphoto/Thinkstock
p. 105: Medioimages/Photodisc/Thinkstock
p. 107: *La Vierge dans l'église*, Jan Van Eyck, vers1425. Gemäldegalerie, Berlin © BPK, Berlin, Distr. RMN/Jörg P. Anders
p. 108: Hemera/Thinkstock
p. 109h : *Spawn*, Morris Louis, 1959-60. Collection privée © Bridgeman-Giraudon © The Estate of Morris Louis represented by Diane Upright Fine Arts, LLC, New York
p. 109b : *Hommage à Rosa Luxembourg*, détail, Jean-Paul Riopelle, 1992 © Musée National des Beaux Arts du Québec, cliché Les Photographes Kedl © Adagp, Paris 2011
p. 110: B. Valeur
p. 111h: iStockphoto/Thinkstock
p. 111bg: *Piano optophonique*, Wladimir Baranoff-Rossiné, 1922-23 © Coll. Centre Pompidou, Distr. RM N/Philippe Migeat © Adagp, Paris 2011
p.111bm et bd: Dimitri Baranoff-Rossiné
p. 113: *Impression III (Concert)*, Wassily Kandinsky, 1911.Städt. Galerie im Lenbachhaus, Munich © Akg-images © Adagp, Paris 2011
p. 125: B. Valeur

Schémas: Thomas Haessig

Les Éditions Belin remercient Xavier Müller pour son aide à l'édition de l'ouvrage.

IMPRIM'VERT®

Imprimé en France par Clerc à Saint-Amand-Montrond
N° d'édition : 005876-01 - N° d'imprimeur : 12295
Dépôt légal : août 2011